阳台花园的设计与布置

潘婷 著

从0到1的阳台花园打造记

江苏凤凰科学技术出版社 · 南京

图书在版编目（CIP）数据

超实用！阳台花园的设计与布置 / 潘婷著. -- 南京 : 江苏凤凰科学技术出版社, 2025. 1. -- ISBN 978-7-5713-4728-4

Ⅰ. S68

中国国家版本馆CIP数据核字第2024QJ2668号

超实用！阳台花园的设计与布置

著　　者　潘　婷
项目策划　凤凰空间/褚雅玲
责任编辑　赵　研
责任设计编辑　蒋佳佳
特约编辑　褚雅玲

出版发行　江苏凤凰科学技术出版社
出版社地址　南京市湖南路1号A楼，邮编：210009
出版社网址　http://www.pspress.cn
总　经　销　天津凤凰空间文化传媒有限公司
总经销网址　http://www.ifengspace.cn
印　　刷　北京博海升彩色印刷有限公司

开　　本　787 mm×1092 mm 1/16
印　　张　8
字　　数　100 000
版　　次　2025年1月第1版
印　　次　2025年1月第1次印刷

标准书号　ISBN 978-7-5713-4728-4
定　　价　59.80元

前言

阳台是一个多功能复合空间，既可以用作晾衣空间，也可以作为客厅的延伸空间，还可以变成一个小花园。很多人渴望拥有一个阳台花园，让植物融入家中。那么，如何打造一个属于自己的阳台花园呢？是请设计师做方案，还是自己动手打造？是先买花盆，还是先买植物？哪些植物适合阳台种植？这些问题一直困扰着想要打造阳台花园的人们。

其实打造阳台花园是一个系统工程。虽然阳台花园的美是各式各样的，但是打造阳台花园的思路是基本一致的。我根据自己打造阳台花园的实操案例，结合多年工作和学习的专业背景知识，为想要打造阳台花园的人们整理了一套标准思路和流程，让大家不再毫无头绪地开始和遗憾地结束，且避免手足无措地“踩坑”。

本书从规划布局到风格定位，从植物选择到植物摆放，从花盆选择到装饰美化及养护要点，把打造阳台花园全过程的关键点一一展开详细讲述，帮助你做好空间规划、选对植物，从而打造出阳台花园的层次感。总之，按照我的思路步骤，你也可以打造出属于自己的阳台花园。

潘婷

目录

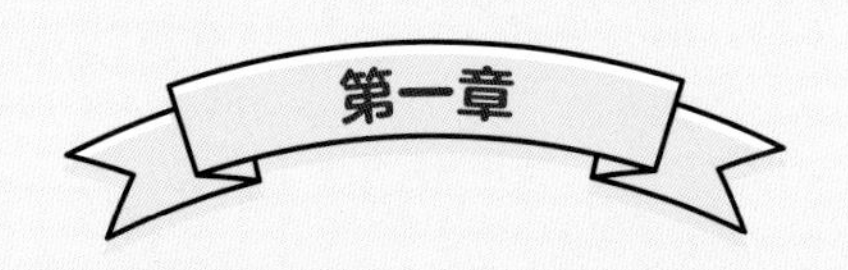

阳台花园的规划布局

打造阳台花园的第一步是了解自家阳台的基础情况，而不是找大量参考案例。根据阳台的自然条件做布局规划才是首要事项。由于家庭阳台的面积一般都不大，在 3 ~ 15 m^2 之间，因此在小空间里打造一个丰富美丽的花园，规划布局至关重要。那么如何进行规划布局呢？第一步了解阳台基础条件，第二步进行功能区域划分。

一 了解阳台花园的基础条件

为阳台花园规划布局的第一步是了解自家阳台的基础条件，这样才能精准高效地寻找相似案例，明白哪些设计是可以用于自家阳台的，哪些设计是不合适的。接下来，我们需要了解阳台花园的基础条件包括哪些方面，主要有以下五个关键指标：

1. 阳台尺寸

阳台的尺寸对于设计阳台花园的功能具有重要影响。根据常见的建筑外立面形态，阳台多为长条形，少数为异型。在测量阳台尺寸时，需要特别注意阳台的小尺度区域，即过小、过窄或内凹处的尺寸（进深小于1 m），这些都是难以处理的地方，需要特别关注和思考。把这些地方设计好，不仅阳台会焕然一新，它们还会成为阳台花园的亮点和巧思之处。

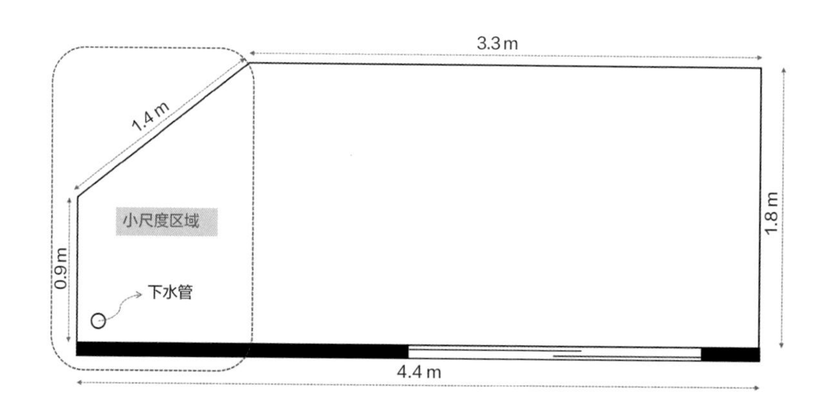

阳台小尺度区域示意图 1

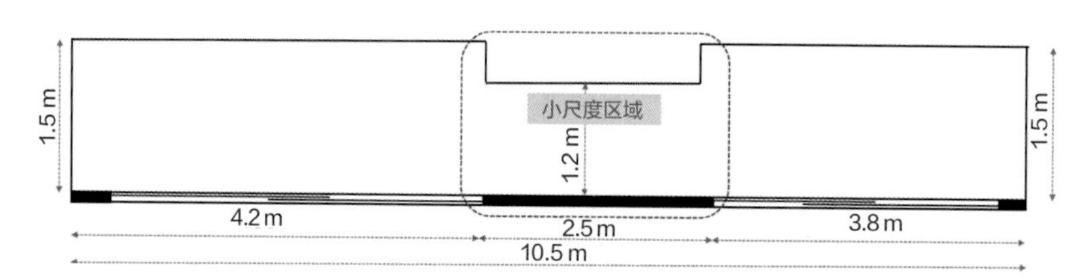

阳台小尺度区域示意图 2

2. 阳台光照

光照也是打造阳台花园需要考虑的重要基础条件，因为光照直接影响着植物的存活率，不同光照条件的阳台花园，需要选择不同的植物品种。如果自家是光照充足的南阳台，却打造成一个阴生植物的阳台花园，那么过不了多久，植物就会陆续死亡，阳台花园便成了“一次性”花园。因此，了解自家阳台的光照情况是选择植物品种的前提条件。

如何了解自家阳台的光照情况呢？可以找一个天气晴朗的日子（夏季与冬季的情况不同，需分别观察），观察阳台的光照时长，并记录光照充足的位置与直射光的位置分别在哪里，这些信息对于后续的功能分区和植物摆放都至关重要。

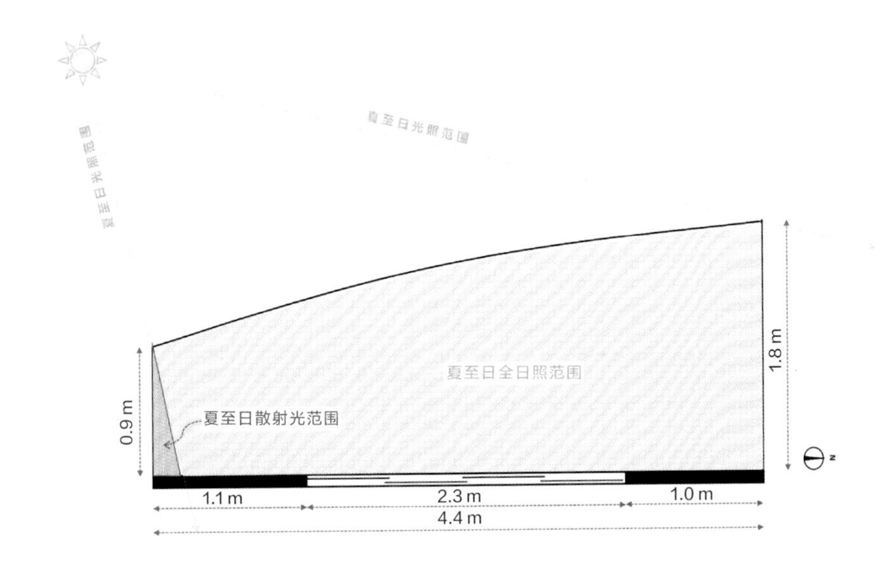

夏至日阳台光照示意图

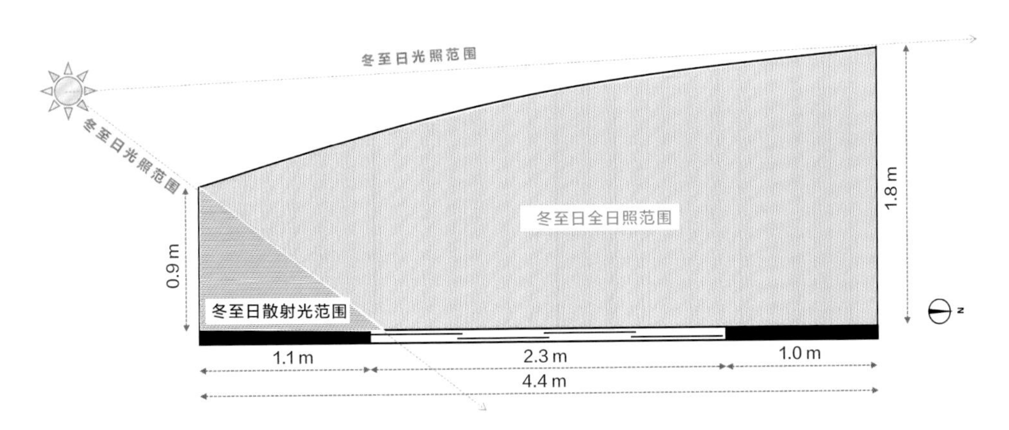

冬至日阳台光照示意图

3. 阳台面积

阳台面积对选择植株的大小有着影响。如果阳台面积小于10 m^2，就不建议选择高约1.5 m及以上的骨架植物（如马醉木、幸福树、散尾葵、天堂鸟等），因为骨架植物会过多占据本就狭窄的阳台空间，导致没有充足空间来打造植物层次。因此，建议选择花墙、垂吊植物、大灌木植物等来营造空间层次。如果阳台面积大于10 m^2，或者阳台进深大于2.5 m，就可以考虑使用骨架植物，也可以在植物的品种和数量上进行更多的尝试。

4. 阳台通风

通风条件是影响植物生长的关键因素之一。开放式阳台和封闭式阳台在通风效果上有很大差异。开放式阳台通风效果好，植物生长环境好，因此植物病虫害少，容易成功打造阳台花园。相比之下，封闭式阳台通风效果差，但是这并不意味着无法打造阳台花园，只是需要更多的细心和耐心。在选择植物时，应考虑皮实抗病虫害的植物品种，必要时可以使用通风设备，例如循环扇等。

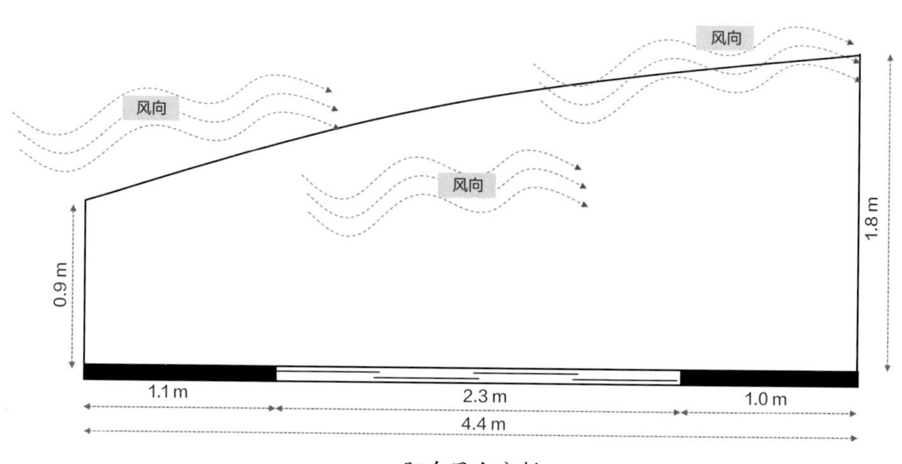

阳台风向分析

5. 阳台视野

在打造阳台花园时，还需要考虑阳台的视野。如果窗外是海、江、田野，可以选择打开视野，不进行遮挡。如果背景是杂乱的楼房，那么需要考虑如何遮挡背景，例如使用背景板、花墙等。另外，如果光照的方向和视线的正面是同一方向，规划时就不需要使用背景板等“实”隔离，否则会影响客厅或卧室的采光。可以考虑使用装饰挂件、垂吊植物、灯串等“虚”隔离，以尽可能弱化视野背景的影响。

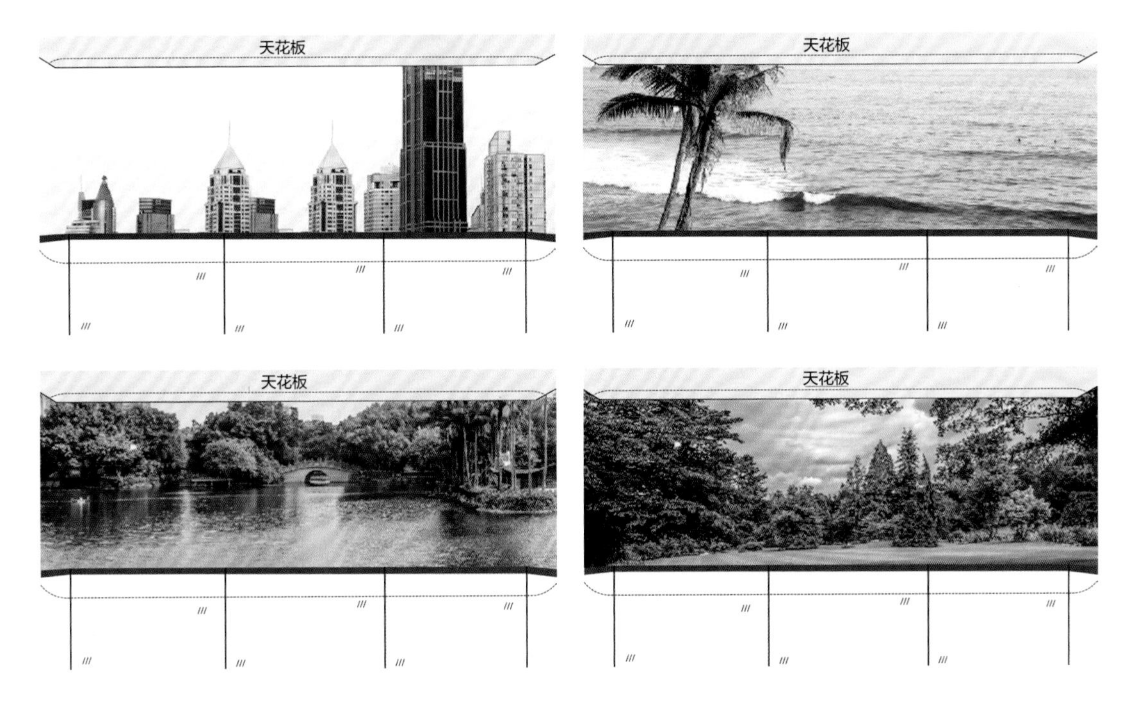

阳台优质视野作框景使用

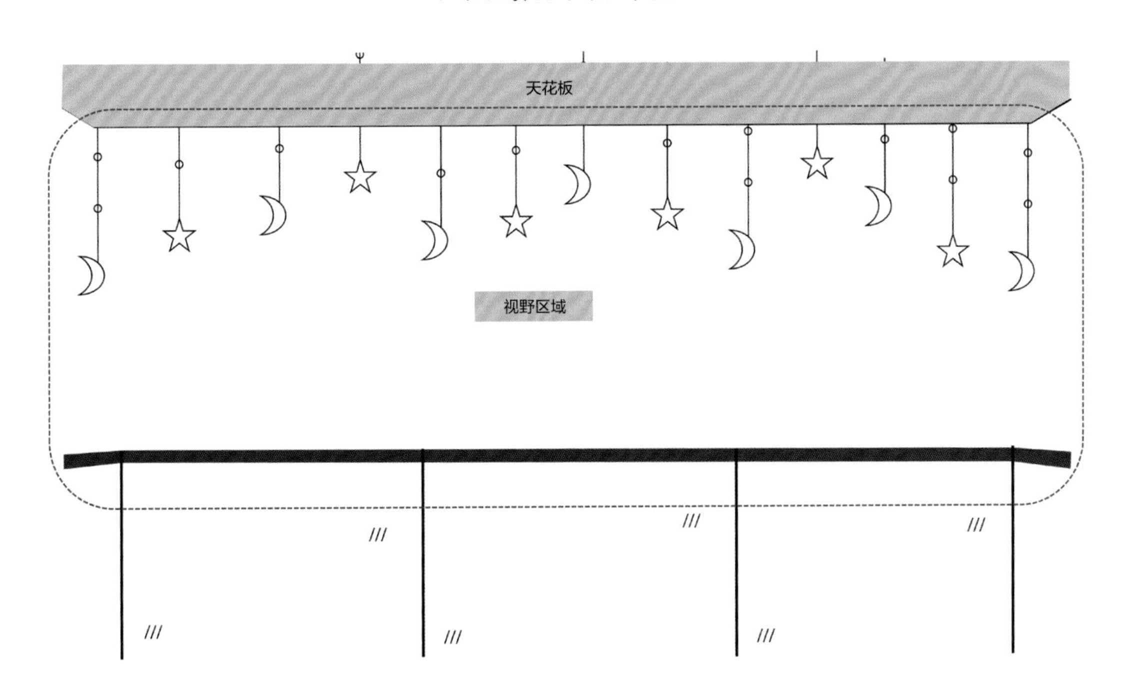

阳台视线遮挡措施示意

了解以上五个关键指标是打造阳台花园的第一步，掌握了这些信息后，就可以为阳台花园划分功能区了。

案例分析

这是一个近似梯形的阳台，左侧窄，右侧宽，呈大小头形状。左侧进深0.9 m，且设有下水管，因此这一侧的空间受到限制，需要充分利用纵向空间并考虑下水管的美化问题。右侧进深1.8 m，有足够的宽度来摆放4 ~ 5盆植物，因此右侧是植物摆放的重点区域。

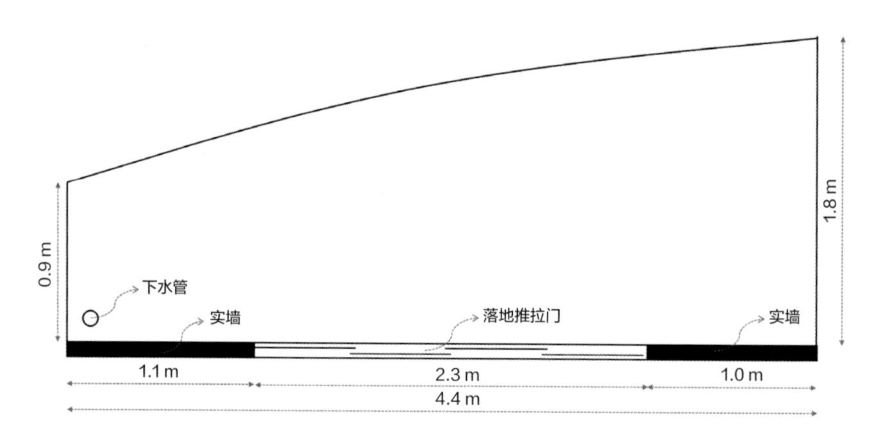

阳台平面图

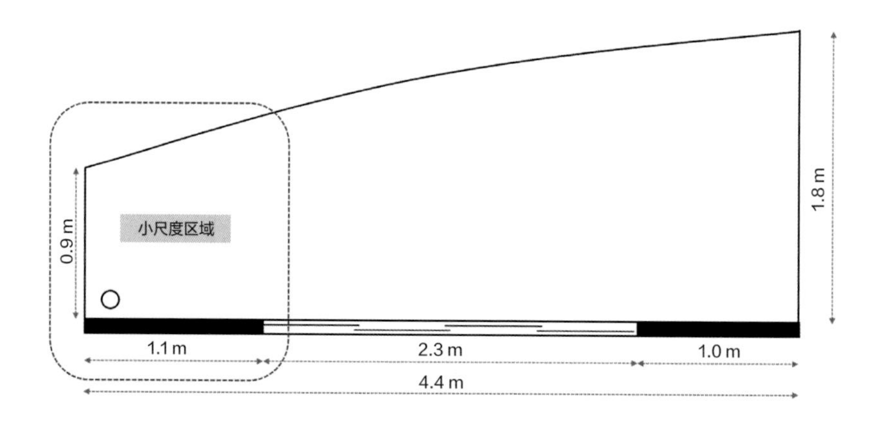

阳台尺度分析 1

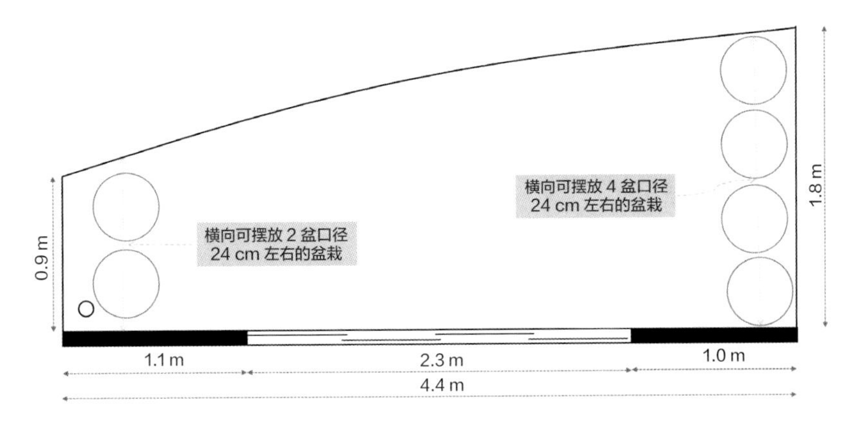

阳台尺度分析 2

整个阳台面积不大，约为6 m^2，因此该阳台不适宜栽植体积过大的骨架植物，以免空间拥挤。

接下来分析阳台的光照和通风条件。阳台朝西，夏季主要光照时段为12：00—19：00，冬季主要光照时段为13：00—18：00。该阳台大部分区域都能获得直接光照，但左侧有散射光区域。因此，可以得出结论：该阳台整体通风和光照条件较好，对植物的选择没有太多限制，但存在荫蔽区域。在植物的摆放上，左侧区域可以放置耐阴植物，避免选择喜阳植物。

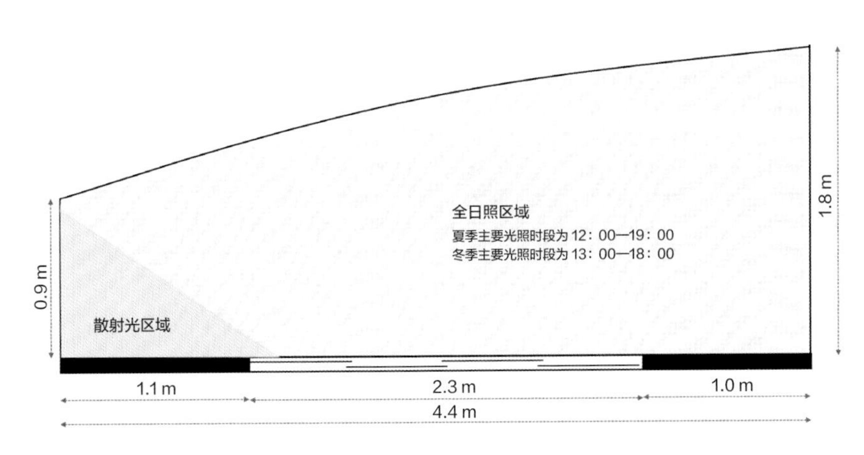

阳台光照分析

最后分析阳台视野。该阳台为三面开放的凸阳台，未做封窗处理，整体通风和采光条件良好。但左右两侧都有距离较近的楼栋，且右侧与邻居家阳台对视。正面的视野为另一楼栋的建筑侧墙，可以看到不远处园区外的变电站。阳台整体的外围环境较杂乱，没有可以利用的背景景色。因此在设计阳台花园时，需要考虑左侧和正面的视线遮挡。右侧存在对视问题，且距离较近，可以考虑“实”隔离，最大限度地隔断视线，例如设置花墙、背景板等。正面由于是主要采光面，可以考虑“虚”隔离，例如使用垂吊植物、装饰挂件、灯串等进行视线隔离。

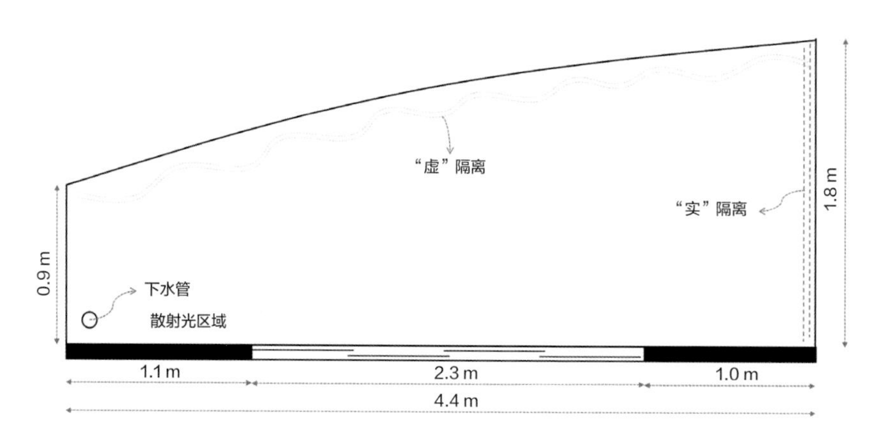

阳台视野遮挡分析

阳台效果展示 1
图片来源：创作者 @ 花园里的潘潘

阳台效果展示 2

图片来源：创作者 @ 花园里的潘潘

二 阳台功能区划分

阳台一般分为生活阳台和景观阳台两种类型。生活阳台主要承担洗衣、晾衣的功能，而景观阳台主要是造景、观景。有些房子只有一个阳台，在实际生活中，通常作为生活阳台使用。

在打造阳台花园时，建议使用景观阳台，至少要考虑四个分区：种植区、工具区、操作区和休闲区。另外，如果是兼具生活功能的阳台花园，还需要考虑洗衣区的位置。

1. 种植区

种植区或是阳台光照和通风条件最好的区域，或者是种植耐阴植物的最佳区域。根据预先了解的阳台基础信息条件，此时可以把光照和通风条件最好的区域划为种植区。

种植区预留的面积是根据阳台面积的大小判断的。如果阳台面积较小（小于5 m^2），那么种植区预留2 m^2左右较合适；如果阳台面积大，可根据阳台实际情况预留，但种植区面积不宜超过阳台面积的40%。

根据种植区预留的面积大小，就可以判断出需要购买多少盆植物和多大体量的植物了。这样能避免在没有经过充分考虑的情况下，到花市采购大量植物后才发现买回来的植物并不符合预期。

如果是绣球、小木槿和月季一类的花灌木，每平方米可以考虑摆放两三盆，因为它们的体量相对较大，而且会一直生长。如果是金鸡菊、玛格丽特、香彩雀和花叶络石等草花类，每平方米可以考虑摆放四五盆。如果花架垂直叠放，需要合理规划摆放的层数。比如彩叶芋一类的观叶植物，它们的生长速度比较快，并且冬天会枯叶，因此建议仅作为花园点缀的品种，不要作为骨架植物的配置，否则冬天的阳台花园就会显得太空了。

种植区除了考虑平面空间的利用，还需要考虑纵向空间的利用。充分利用纵向空间来摆放植物，是小型阳台花园的基本操作。纵向空间的种植能增强阳台花园的层次感，也能丰富阳台花园的景观效果。

纵向种植区，一般出现在小尺寸的阳台，当平面空间不足以支撑摆放出植物的错落感时，就可以借用花架、攀爬架等纵向空间分隔工具，设置纵向植物的摆放区域。纵向种植区植物摆放要遵循“从下到上，从大到小”的原则，避免出现“头重脚轻”的情况。

阳台花园种植区效果展示 1
图片来源：创作者 @ 花园里的潘潘

阳台花园种植区效果展示 2
图片来源：创作者 @ 花园里的潘潘

小贴士

对于购买植物，建议大家分批次进行，遵循“少量多次添加”的原则。

大部分人在开始时不太清楚要购买植物的品种、数量及大小。随着阳台花园打造过程的推进，会逐渐明确自己的需求。如果一开始采购过多，不仅会影响已规划好的区域，还会限制植物后续的生长空间。

2. 工具区

我们在植物养护过程中一定会遇到放置园艺工具、肥料和土壤的问题。如果只考虑种植植物，没有提前规划园艺工具等物品的存放空间，那么后期在操作使用时会很不方便。

如果阳台面积够大，可以放置一个柜子，用于收纳园艺工具、营养土、肥料和水壶等，柜子上还可以摆放植物，一举两得。如果阳台面积小，没有多余的空间放置柜子，可以将园艺工具上墙收纳。在墙上设置洞洞板或铁艺网格，将园艺工具、肥料和防护手套等挂起来，这样不仅可以节省空间，还可以打造阳台花园里的一道亮丽风景。另外，营养土可以放置在一个箱子里，箱子既可以作为储物空间，也可以作为植物的摆放凳。

阳台花园工具墙效果展示 1
图片来源：创作者 @Berry&Bird

阳台花园工具墙效果展示 2
图片来源：创作者 @Berry&Bird

阳台花园工具墙效果展示 3
图片来源：创作者 @ 花园里的潘潘

阳台花园工具墙效果展示 4
图片来源：创作者 @ 花园里的潘潘

3. 操作区

操作区和工具区一样，是前期不显眼但容易被遗漏的区域，后期会高频使用。阳台植物的养护，例如换盆、加土、配土等，都需要有相应的空间来完成，因此在前期规划时就要考虑到操作空间的预留，避免后期在客厅里进行换土等操作。

对于阳台面积较大的情况，可以单独预留一块空间作为操作区。对于阳台面积较小的空间，操作区可以和其他功能区叠加。例如把操作区与休闲区叠加，选一张较大的休闲桌，后续的养护操作在桌面上完成；或者将操作区与过道区叠加，把阳台过道当作养护操作区，这样最节省空间，但需要对过道的宽度进行合理规划，一般建议 0.8 ~ 1 m 的宽度较为合适。

利用过道区域设置操作区效果展示
图片来源：创作者 @ 花园里的潘潘

利用休闲区域设置操作区效果展示 1
图片来源：创作者 @ 花园里的潘潘

利用休闲区域设置操作区效果展示 2

图片来源：创作者 @ 花园里的潘潘

4. 休闲区

打造阳台花园的目的不只是观赏，更重要的是体验。在自家的阳台花园中设置休闲区，可以让我们静下心来享受植物带来的快乐，感受植物的生命力与变化之美。

在阳台摆放一组与主题风格相衬的桌椅，是打造阳台花园的重要环节。它们会陪伴我们度过大部分的花园时光，因此，应精心挑选阳台花园的摆放物件。

休闲区会占用阳台空间里相对完整的区域，因此桌椅的大小一定要适合阳台的空间。如果阳台面积较小，可以选择靠墙的半桌形式。在材质上，避免选择厚重、封闭的材质，而应该选择轻盈材质的桌椅，如铁艺、铁艺和木质组合等。

阳台花园休闲区效果展示 1
图片来源：创作者 @ 哎亚西呀

阳台花园休闲区效果展示 2
图片来源：创作者 @ 好妈生活

以上就是打造阳台花园的第一步。我们需要先了解阳台的基础信息，然后进行功能区域划分，这样就可以对阳台花园有一个大致的规划了。

案例分析

通过对阳台尺寸、面积、光照、通风、视野的分析，我们对阳台有了基本的认知。

此案例中的阳台还是上一个案例中的落地窗式凸阳台，落地窗居中，阳台通风性好，且左右各有一段实墙。为了最大限度地利用空间，可以将左右两侧设置为种植区域。

该阳台整体光照条件较好，左侧有部分散射光区域，且进深较小，因此该侧的种植区域可以重点考虑采用花架式种植。而右侧进深较大，但视野不佳，所以可以考虑种植层次较为丰富的组团式种植，以较好地遮挡外部视野。

由于阳台空间有限，面积约为6 m²，所以将操作区和过道区结合考虑，在过道区就地做养护操作，无须再单独设置操作区占用阳台空间。同时，由于没有设置专门的操作台、操作柜，园艺工具可以上墙收纳，利用纵向墙面空间，释放更多的平面空间给种植区。

选择将休闲区域设置在阳台中心，一是考虑到落地窗的框景作用，将视觉焦点设置在休闲区内，落在落地窗的对景中；二是考虑到通达性，将休闲区设置在中心，可以将过道区域最小化，且左右均有种植区域，能很好地美化休闲区域。

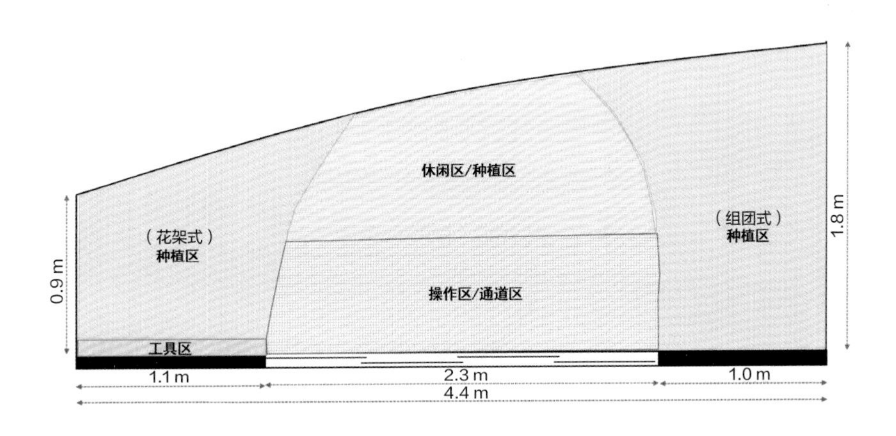

阳台功能分区

花架式种植效果展示
图片来源：创作者 @ 花园里的潘潘

组团式种植效果展示

图片来源：创作者 @ 花园里的潘潘

第二章

阳台花园的风格定位

在完成阳台的规划分析后，我们已经能够对阳台的情况做基础分析了。需要注意的是，很多人将这两个步骤对调，甚至忽略了做基础条件分析，只考虑自己的喜好就开始打造阳台花园，这是错误的。实际上，阳台自身的基础环境条件对于花园风格的确定占有一半因素。例如，北方的阳台不适合营造热带植物花园，封闭式的阳台花园不适合种植月季，阳台面积小就不适合打造花境风花园等。

一 确定阳台花园风格的原则

打造阳台花园需要结合个人喜好和阳台的基础条件。我们先要判断阳台是否适合打造花园，再考虑美观的问题。阳台花园是一门时间艺术，能够一直维持才是正确的打开方式。根据阳台的光照、通风情况和面积大小，我们可以确定阳台花园的基调，再结合个人喜好和视野条件等确定阳台花园的风格。打造一个低维护、可观赏、可持续的阳台花园，避免出现“一次性”花园。

二 常见的阳台花园风格

阳台花园的主题风格有多种，优秀的阳台花园案例也有很多。常见的阳台花园风格主要有以下几种：

1. 杂货风花园

杂货风阳台花园以低矮的草花灌木为主要品种，通过运用各种杂货摆件，以摆件置景为主，植物搭配为辅，营造出一种杂乱有序的氛围感。

杂货风花园的打造要点是用杂货摆件营造美式乡村、年代做旧的氛围感。其中的关键元素有：木质背景板（木板门）、木质操作台（操作桌）、木质或铁艺或藤编的花盆、陶艺或铁艺的动物或人像摆件，这四种元素是打造杂货风花园的必备元素。

在植物品种的选择上，杂货风花园以小体量草花为主，如风信子、矮牵牛、酢浆草、三色堇、郁金香、瓜叶菊等。这些植物品种以观花为主，季节性较强，体量小，作为杂货风花园的搭配存在，有效突出了杂货风花园的氛围感。

杂货风花园以杂货摆件为主，植物为辅。平时的植物养护需要花费的精力不大，但因草花植物季节性强，所以换季时需要对花园进行维护和打理。

杂货风花园效果展示 1
图片来源：创作者 @ZI.TONG. 小院

杂货风花园效果展示 2
图片来源：创作者 @ZI.TONG. 小院

2. 现代简约风花园

现代简约风花园以运用单一元素为主，并借助植物的绿色形成鲜明对比，从而营造简洁、干净、明亮的花园效果。

现代简约风花园风格的打造关键在于大面积使用白色，包括白色系的背景、桌椅和花盆。其他明亮的颜色极少使用，给人一种干净、明亮、纯粹的视觉感受。此外，种植容器多采用大型组合花箱，以形成统一的视觉效果。

在植物的选择上，颜色也以低饱和度为主，如绿色、灰绿色、黄色、蓝色、紫色、粉色，避免出现高饱和度的大红大紫的颜色。观叶植物在营造小清新的明亮感方面比较常见，例如银叶金合欢、狐尾天门冬、鸟巢蕨、绣球、木春菊、银叶菊等。

现代简约花园效果展示 1
图片来源：创作者 @ 好妈生活

植物以绿色系为主，通过不同叶形来营造变化，如仙洞、蓝花楹、狐尾天门冬、大叶银斑葛等。低饱和度的蓝色和粉色开花植物做点缀，如蓝雪花、绣球。

现代简约花园效果展示 2
图片来源：创作者 @ 好妈生活

使用白色背景、白色种植池、白色休闲桌、白色储物柜和白色花盆来营造纯净的空间。

3. 热带植物花园

热带植物花园主要通过各类观叶植物营造热带植物景观，利用叶片的大小、色彩、形状的搭配，形成高饱和度、清爽的花园风格。然而，由于热带植物的花园对温度、湿度都有特定要求，因此这种风格并不适合北方露天区域。

热带植物是一个统称，通常指热带、亚热带的阔叶类植物，观赏价值主要体现在叶面的色彩、叶子的大小和叶片的形态上。目前市面上比较受欢迎的热带植物品种有彩叶芋和海棠，这类植物颜值高，叶片色彩丰富，具有很高的观赏价值，因此深受年轻人的喜爱。

热带植物花园多选择春羽、龟背竹、彩叶芋等大型植物，以及垂吊的花叶蔓、情人泪等小型植物。此外，花盆的选择以红陶盆为主，装饰简洁，形成了主题鲜明的热带植物花园风格。

热带植物花园效果展示 1
图片来源：创作者 @planteresa_

热带植物花园效果展示 2
图片来源：创作者 @planteresa_

4. 自然风花园

自然风花园强调以植物为主，充分考虑四季变换，通过巧妙的植物搭配，结合灌木、草花和藤本植物，打造出层次丰富、浪漫多彩的植物组团，充分展示植物之美。

自然风花园的另一个关键点是营造植物的层次感。通过植物本身的体量大小、叶片质感和颜色变化来营造层次感，打造出高低错落、丰富多彩的花园。

在装饰方面，自然风花园不会放置过多的摆件，一把好看的休闲椅就足以成为花园的焦点。在花盆的选择上，也保持整齐统一，或红陶盆，或青山盆，或水泥盆。统一的花盆材质能很好地协调花园场景，让视觉重点聚焦在植物上，以突出植物的观赏价值。

自然风花园效果展示 1
图片来源：创作者 @ 哎亚西呀

本页图中的案例以植物为视觉焦点，展示其自然特性。通过植物的组合排列，构建出丰富多彩的植物角。通过组合草花（天竺葵、千日红）、玛格丽特和常绿植物（侧柏、玉簪、雪莹、多花素馨），打造出富有层次的阳台花园。

自然风花园效果展示 2
图片来源：创作者 @哎亚西呀

5. 花境风花园

花境风花园以草花为主，植物品种丰富，花量大但花朵较小。搭配观赏草，营造出浪漫、富有野趣的花园氛围。这种花园风格对打造者的审美和对于植物品种的熟悉程度都有较高的要求，难度系数较高，且后期需要投入较多维护精力。

花境风花园的打造要点在于植物品种的选择和搭配。整体高度控制在0.6 m以下，以观赏草作为高度视觉焦点，打造植物组团高点，再搭配草花点缀组团，丰富度和色彩多样性得以展现。观赏草让整个植物组团富有野趣，而草花增添了浪漫多彩的气息。在摆件的搭配上，应尽量弱化其存在感，可以有少数铁艺摆件作为点缀。地面可以铺以树皮、陶粒等材料，以增强花园的自然感。

花境风花园效果展示
图片来源：创作者@卡小姐的花事

除了上述五种风格，还有其他的风格，例如以果蔬为主的果园风、以单一品种为主的月季园等，它们都各有特色。总之，在确定阳台花园风格时，应遵循以下原则：尊重场地条件，结合个人喜好。

案例分析

前面已经分析了这个案例中阳台的基础条件，得知该阳台是光照和通风条件较好的开放式阳台，因此对于需要控制室内温度和湿度的热带植物花园来说，这个阳台并不合适。热带植物花园适合封闭式或半封闭式的阳台，这样能较好地控制室内温度和湿度，以便植物更好地度过冬季。

由于阳台左侧进深为0.9 m，右侧进深为1.8 m，对于适合地栽的花境风花园也同样不太合适。花境风花园对植物的品种多样性和栽植空间有较高的要求，因此更适合大阳台或露台，而不是小空间的阳台。

排除热带植物花园和花境风花园的限制条件后，结合个人喜好再来选择阳台花园的风格。但是，这里需要考虑室内的装修风格，再次排除了杂货风花园。杂货风花园以摆件为主，营造复古田园场景，主题风格突出，与美式田园风的家装风格匹配度高。

如果室内装修没有明确的风格导向，那么简约风和自然风的适配度会较高。该案例想要打造一个浪漫、富有野趣的阳台，因此最终选择了自然风花园。

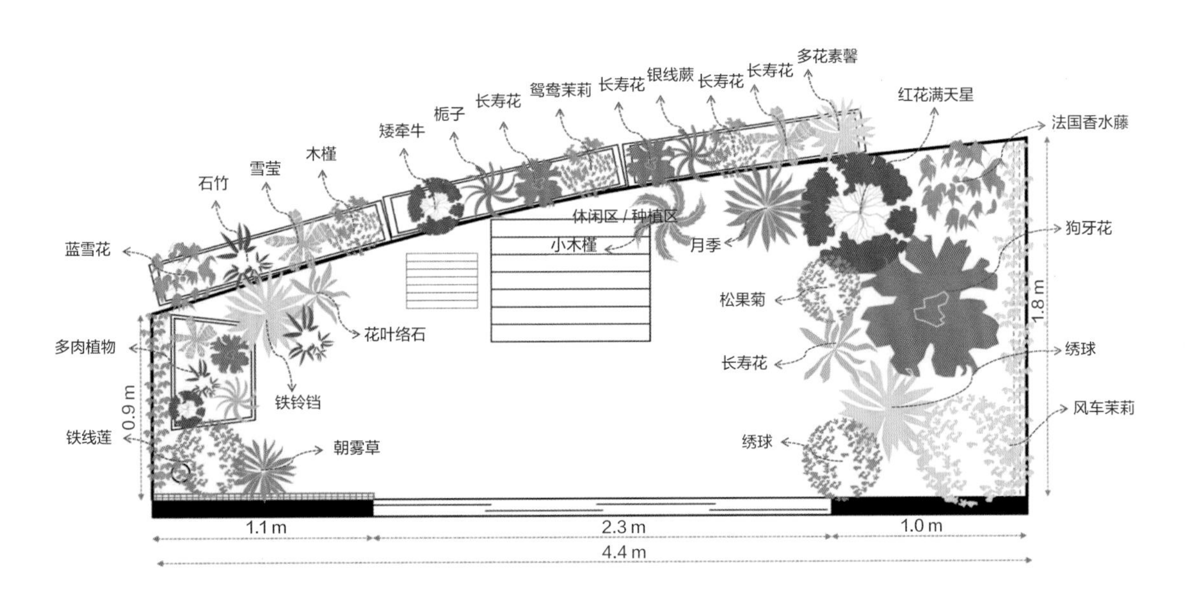

阳台花园植物布置平面图

三 突出阳台花园风格的方式

确定了想要的花园风格后，在打造过程中强化这种风格并突出其特点是关键所在。以下几种方式有助于突显花园风格，通过有意识地布置和设计阳台花园，可以使其更具有主题性，氛围感也更加浓厚。

1. 利用大面积色块凸显空间主题

空间的色彩很大程度上决定了花园的风格。在阳台花园中，最大体量的色块就是墙面、背景板、地面、花架、柜体和格栅、栏杆等。对于阳台花园来说，这些大体量的区块要尽可能统一色系和材质，以快速营造出空间氛围。

例如，左下图的阳台花园，采用了白色的背景板、白色铁艺格网、白色置物架，统一了空间的整体背景色系，营造出干净纯粹的花园氛围。叠加草花和杂货，呈现出一个非常干净、充满活力的杂货风花园。

再来看右下图的阳台花园，采用了木色背景板和白色木质窗框，是自然质朴的基调，藤编的花篮、草帽挂件、这些元素与木色背景板相互映衬，很好地营造出了乡野浪漫之境。

效果展示 1
图片来源：创作者 @ 萤火虫叽里呱啦

效果展示 2
图片来源：创作者 @ZI.TONG. 小院

2. 利用花盆的材质与颜色凸显空间主题

花盆的体积虽然小，但在阳台花园中的用量却很大。风格统一的花盆不仅可以让花园看起来整齐有序，而且可以通过花盆材质、颜色来突显花园主题。需要注意的是，阳台花园里花盆切勿选用五花八门的色彩和材质混搭，这样会让花园显得杂乱无序，控制使用1 ~ 2种材质的花盆即可。

左下图的阳台花园，采用统一的红陶盆搭配观叶热带植物，背景墙面干净，无过多装饰，突出红陶盆的粗糙质感和阔叶植物的粗犷，营造热带植物生机盎然的空间氛围。

右下图的阳台花园以陶盆为主，搭配部分铁艺盆。该花园同样用竹篱笆做背景，无过多装饰，打造干净的背景将视觉中心聚焦在花盆和植物上。粗犷的陶盆与复古的铁艺盆搭配时令草花，营造出浪漫、丰富、活泼的花园植物景观氛围。

效果展示1
图片来源：创作者@老猫儿卡罗尔

效果展示2
图片来源：创作者@哎亚西呀

3. 通过植物质感凸显花园主题

植物的外在表现主要有叶形、叶色、叶质、花色、花形和花量。不同植物表达出的意境效果不同。在形态上，花境风花园中，针茅类叶形的观赏草能营造出一种野趣氛围，如蓝羊茅、糖蜜草、狼尾草等；热带植物花园中，阔叶类叶形的天南星科植物及苦苣苔科植物能营造出热带风情，如彩叶芋、绿萝、春羽、海棠等。在色彩上，白色、蓝紫色、黄色、淡粉色的花朵可以营造出清新浪漫的花园氛围，如风车茉莉、蓝雪花、绣球、飘香藤等；橙色、红色、玫红色、黑紫色的花朵可以营造丰富热烈的花园氛围，如三角梅、重瓣矮牵牛、大丽花、太阳花等。

本页图中的阳台花园，种植了较多的观赏草及藤本植物，大体量的观赏草成为花园视觉中心，搭配小体量草花点缀其中。在植物色系上，以深绿色为主，搭配少量的紫色与黄色，从而营造出一个浪漫、神秘、富有野趣的花园之境。

效果展示

图片来源：创作者 @ 卡小姐的花事

4. 利用装饰摆件凸显花园主题

装饰摆件在阳台花园中可以起到画龙点睛或锦上添花的效果，摆件的风格与材质可以强调花园的氛围。

左下图的阳台花园采用了较多的杂货摆件，有做旧的车牌、可爱的花盆、复古的铁艺家具模型等。这些摆件都在强调花园的丰富、复古之感，是突出其杂货风花园风格的重要表现方式。

右下图打造的是浪漫、活泼的自然风阳台花园。在花园中使用了可爱的陶瓷动物摆件，小兔子与草花完美营造出了乡野自然之感，是该阳台花园主题的点睛之笔，很好地突显了花园自然野趣的氛围。

效果展示 1
图片来源：创作者 @ 萤火虫叽里呱啦

效果展示 2
图片来源：创作者 @ 哎亚西呀

以上几种表现手法并非独立存在，组合叠加使用，更能突显花园的风格。但使用多种方式并不意味着混搭堆砌，而应该是选择一种风格后不断强化，做到协调与统一，避免显得杂乱无章。

阳台花园植物的选择

在前面的两章中，我们分别探讨了如何规划阳台花园的空间，以及如何确定阳台花园的风格。这一章我们将深入讨论如何为阳台花园选择植物。植物作为花园的灵魂，对于塑造阳台花园的美观性具有至关重要的作用。那么，在选择阳台花园植物时，我们需要注意哪些要点呢？又有哪些常见的阳台花园植物呢？

一 因地制宜——尊重自然条件

选择阳台花园植物的关键点就是遵循阳台的自然条件。要根据阳台的光照时长、通风条件、温度和当地气候来选择适宜的植物品种。选择合适的植物，比选择漂亮的植物更重要。如果仅靠颜值选择植物品种而忽视阳台的自然条件，植物可能会出现“水土不服”的情况，结果便是“昙花一现”。

现在网络发达，在家中上网就可以买到各种各样的植物。在网购之前，大家还是需要大致了解下所选植物的基本习性再下单。现在全国很多地方都有花卉市场，从花卉市场购买相比网络购买出错率要低一些，一方面可以直观地观察植物的情况，另一方面花卉市场的植物大多数都是适应当地气候的。在植物养护过程中，需要考虑植物的耐阴程度、喜光程度、耐涝抗旱程度、抗病虫害能力等，这些都与阳台的光照条件和通风条件息息相关。

选择植物品种时，要关注的三个点就是生长温度、喜光性及抗病性，从而挑选与自家阳台自然条件相符合的植物品种。

二 多年生植物与一年生植物搭配

阳台花园植物品种的选择需要考虑多年生植物与一年生植物的搭配种植。多年生植物是指个体寿命超过两年的植物，大多数都是在一生中多次开花结果，但也有一生中只开花结实一次的。多年生植物不用年年栽植，四季循环，可以塑造花园的基本骨架形态，节省大家的精力。比如月季、风车茉莉、蓝雪花、铁线莲、绣球等。一年生植物是指一年内完成其生命周期的植物，包括从播种、生长、开花和结实死亡的全过程，是需要每年种植的植物，多为草本植物，比如向日葵、纸鳞托菊、凤仙花、千日红、福禄考（樱草）等。

多年生植物与一年生植物搭配可以很好地维持阳台花园的美观度。多年生植物可以维持阳台花园的基础形态，保证花园绿量，在冬天花园也不萧条；一年生植物可以为阳台花园锦上添花，让花园丰富绚丽。此外，种植一年生植物还可以增加种植乐趣。

多年生植物与一年生植物的搭配影响着阳台花园的效果维护。阳台花园应以多年生植物为主，一年生植物为辅。根据个人精力和风格的不同，阳台花园一年生植物的占比可以控制在10% ~ 50%之间。例如，花境风花园一年生草花的占比就比较大，可以达到40% ~ 50%。而自然风的阳台花园，多以时令草花作为点缀，因此一年生植物占总植物数量的15% ~ 20%。但即使去掉这些一年生植物，也不会影响阳台花园的整体形态。

多年生植物——月季

多年生植物——蓝雪花

多年生植物——铁线莲

多年生植物——绣球

多年生植物——三角梅

多年生植物——长寿花

多年生植物——紫斑风铃草

多年生植物——仙客来

多年生植物——耧斗菜

多年生植物——非洲菊

多年生植物——葡萄风信子

多年生植物——酢浆草

一年生植物——纸鳞托菊

一年生植物——风仙花

一年生植物——报春花

一年生植物——三色堇

一年生植物——千日红

一年生植物——福禄考（樱草）

三 常绿植物与落叶植物搭配

阳台花园植物品种的选择还需要考虑常绿植物与落叶植物的搭配。常绿植物是指一种全年保持叶片的植物，叶子可以在枝干上生存12个月或更长的时间，例如龙船花、长寿花、红花满天星、月季、栀子、风车茉莉、法国香水藤等。与之相对的是落叶植物，这种植物在一年中有一段时间叶片将完全脱落，枝干会变得光秃秃的，没有叶子，例如绣球花、绣线菊、凌霄、狗牙花、铁线莲、木芙蓉等。

常绿植物与落叶植物的搭配主要考虑的是阳台花园冬季的效果。在南方，冬季气温高，常绿植物较多；而在北方，冬季气温低，落叶植物较多。因此，在北方花园的植物搭配中，常绿植物与落叶植物的搭配更需要关注。为了防止花园在冬季出现枯败的景象，阳台花园中常绿植物与落叶植物的比例可以控制在9 ∶ 1到6 ∶ 4之间。在南方，由于可选择的花园植物品种较多，常绿植物的占比可以多些；而在北方，由于可选择的常绿植物品种较少，所以常绿植物的占比也需要相对减少，但仍需保证冬季“见绿”，以保障花园的观赏效果。

常绿植物——龙船花

常绿植物——长寿花

常绿植物——红花满天星

常绿植物——月季

落叶植物——绣线菊

落叶植物——凌霄

落叶植物——绣球花

落叶植物——狗牙花

四 观花植物与观叶植物搭配

阳台花园的面积一般为3 ~ 15 m^2，在有限的空间里，每一盆植物要有它的观赏价值。植物的观赏价值主要体现在花、叶和果实上，但除了打造阳台果园，一般少使用观果品种，因此，这里主要考虑观花植物和观叶植物的搭配。

观花植物的观赏价值在于花期、花色、花形、花量这四个方面。植物在选择观花植物时，应考虑不同季节的观赏性，选择花期各不相同的植物，尽量做到四季都有开花的植物，这样阳台花园就可以全年有花可赏。

在花色的选择上，应尽量选择浅色系、低饱和度的开花植物，避免大红大紫的色彩。因为高饱和度色彩的花虽然单盆效果很好，但不好搭配，容易让整个花园显得杂乱，影响阳台花园的风格。

在花形和花量上，一般不用过多考虑。花形大的植物，花量少，单朵花观赏性较强；花形小的植物，花量多，呈现点点繁星之美。总之，各有各的美。

观花植物——栀子

观花植物——铃兰

观花植物——松果菊

观花植物——木槿

观花植物——天竺葵

观花植物——玛格丽特

观花植物——蓝盆花

观花植物——康乃馨

观叶植物的观赏价值主要体现在叶形和叶色两个方面。常见的蕨类植物和天南星科植物，例如肾蕨、黄金春羽、龟背竹、鸟巢蕨、彩叶芋等，就是典型的观叶形植物。叶色则有花叶、红色叶、灰绿色叶、双色叶、金边或银边叶等多种观赏类型。花叶植物有雪莹、花叶蔓等，红色叶有花叶络石等，灰绿色叶植物有银叶金合欢、尤加利等，双色叶植物有合果芋、彩叶芋等，金边或银边叶植物有金边假连翘等。

观叶植物的观赏期比观花植物长，除了秋色叶植物（秋天叶片变色的植物），观叶植物几乎全年可赏。因此，观叶植物可以作为花园里的点缀，打破花园的沉闷感。不过观叶植物数量不宜过多，否则会让花园显得杂乱。

观叶植物——肾蕨

观叶植物——黄金春羽

观叶植物——雪莹

观叶植物——花叶络石

观叶植物——龟背竹

观叶植物——鸟巢蕨

五 不同形态的植物品种搭配

在选择植物品种时，除了考虑植物的观赏性，还要考虑植物景观所呈现出的层次感。以下三个因素是考量植物观赏性的重要依据：一年生植物与多年生植物的搭配、常绿植物与落叶植物的搭配、观花植物与观叶植物的搭配。而为了营造植物的层次感，还需要考虑以下两个因素：不同形态的植物搭配、藤本植物与垂吊植物的搭配。

不同的植物形态能够在组合搭配时突显出层次感，使植物组团达到协调与统一。这种层次感既避免了过于相似而混成一体，也不会过于出挑而显得杂乱无章。

植物的形态主要体现在花和叶两个方面。根据外形和观赏性，植物的形态可以分为团花类植物、高茎类植物、低矮匍匐类植物、观叶类植物、花灌木类植物和观赏草类植物，共计六大类。

团花类植物是指造型饱满的半球状或球状草花类植物，例如玛格丽特、金鸡菊、矮牵牛、福禄考（樱芝）等。这类植物耐修剪，枝叶茂密，花量大，在植物组团中造型独特。

团花类植物——玛格丽特

团花类植物——金鸡菊

团花类植物——矮牵牛

团花类植物——福禄考（樱芝）

高茎类植物多指竖向生长的线性类草花植物，例如金鱼草、大花飞燕草、向日葵、香彩雀、郁金香等。这类植物在植物组团构图中的纵向线性可以打破构图的沉闷感，增加层次，避免植物连成一片。

高茎类植物——金鱼草

高茎类植物——大花飞燕草

高茎类植物——向日葵

高茎类植物——香彩雀

低矮匍匐类植物主要指地被类植物，例如玉簪、佛甲草、翠云草、冷水花和中华景天等。这类植物在植物组团中通常作为收边使用，是植物组团里的背景色。

低矮匍匐类植物——玉簪

低矮匍匐类植物——佛甲草

低矮匍匐类植物——翠云草

低矮匍匐类植物——中华景天

观叶类植物是指叶子具有观赏价值的植物，可以观叶色，也可以观叶形，例如狐尾天门冬、变叶木、银叶菊、黄金春羽、彩叶芋、金叶女贞等。

观叶类植物——狐尾天门冬

观叶类植物——变叶木

观叶类植物——银叶菊

观叶类植物——黄金春羽

花灌木类植物主要指开花的常绿或落叶灌木。它们拥有硬挺的线条，体量比团花植物大，通常作为植物组团里的视觉焦点或构图重心。常见的花灌木类植物包括巴西野牡丹、圆锥绣球、月季、三角梅、栀子、鸳鸯茉莉和蓝雪花等。

花灌木类植物——巴西野牡丹

花灌木类植物——圆锥绣球

花灌木类植物——月季

花灌木类植物——三角梅

观赏草类植物是指主要指以茎秆、叶丛为主要观赏部位的草本植物。这类植物的叶形、叶色、茎秆都具有观赏价值，其形态呈散射状或直立状。在植物组团的构成中，观赏草可充当高点或重心，打破原有格局。常见的观赏草品种包括小兔子狼尾草、粉黛乱子草、羊茅类和芒草类等。

观赏草类植物——小兔子狼尾草

观赏草类植物——矮蒲苇

观赏草类植物——糖蜜草

观赏草类植物——晨光芒

通过将不同形态的植物进行搭配，花园的氛围感会得以提升，植物组团显得自然生动。在配置植物组团时，可将团花类植物和低矮匍匐类植物放在最前面或四周，作为前景。花灌木类植物和观赏草类植物作为中景，重复出现，成为组团的骨架或视线焦点。观叶类植物和高茎类植物则作为点缀，打破组团的沉闷感。

不同形态的植物组团搭配效果 1

不同形态的植物组团搭配效果 2

不同形态的植物组团搭配效果 3

六 藤本植物与垂吊植物搭配

在选择植物品种时，我们还需要考虑搭配藤本植物和垂吊植物。前面提到的植物都是落地摆放，而阳台的面积又普遍较小，能利用的空间有限，想在小空间里营造出空间景深和层次感，就要充分利用纵向空间。藤本植物和垂吊植物能很好地利用纵向空间，从而很好地营造空间层次感。因此，在为阳台花园选择植物品种时，不要忘记考虑纵向空间的打造。

对于前景的打造，可以利用阳台的晾衣杆或挂钩来挂垂吊植物。常见的垂吊植物有常春藤、花叶蔓、卷边吊兰、仙洞、心叶日中花、多花素馨、翡翠吊兰、球兰、银斑葛等。

垂吊植物——常春藤

垂吊植物——花叶蔓

垂吊植物——卷边吊兰

垂吊植物——仙洞

藤本植物可以作为空间的背景，利用墙体打造一面花墙来充当背景。常见的藤本植物有风车茉莉、铁线莲、铁铃铛、山乌龟、藤本月季、木香、飘香藤等。

藤本植物——风车茉莉

藤本植物——铁铃铛

藤本植物——飘香藤

藤本植物——山乌龟

七 南方地区阳台花园常见植物清单

前面已经介绍了选择阳台花园植物品种时需要考虑的要素，以确保阳台花园四季的观赏性和植物存活率。接下来，我将列出南方地区常见的花园植物品种，并根据观花植物、观叶植物、藤本植物和垂吊植物、时令草花等分类进行归纳，以方便大家挑选植物。这四类植物适合在南方地区种植。

南方地区常见的观花植物清单

序号	名称	常绿、落叶、草花	观花、观叶	花期	花色
1	风车茉莉	常绿	观花	4—5 月	白色、粉色、黄色
2	法国香水藤	常绿	观花	12—翌年 2 月	黄色
3	心叶日中花	常绿	观花、观叶	6—9 月	玫红色
4	婚礼吊兰	常绿	观花、观叶	全年	白色
5	蓝雪花	落叶	观花	6—9 月	蓝色
6	铁线莲	落叶	观花	4—5 月、8—10 月	多种颜色
7	绣球	落叶	观花	5—6 月、9—10 月	白色、粉色、蓝紫色
8	狗牙花	落叶	观花	6—10 月	白色
9	栀子	常绿	观花	4—6 月	白色
10	红花满天星	常绿	观花	全年	玫红色
11	鸳鸯茉莉	常绿	观花	5—6 月	白色、紫色
12	月季	常绿	观花	4—9 月	粉色系、紫色系
13	小木槿	落叶	观花	4—5 月	粉色
14	松红梅	常绿	观花	12—翌年 1 月	白粉色
15	长寿花	常绿	观花	全年	黄色、橙色、粉色、红色
16	银香菊	常绿	观花、观叶	6—7 月	黄色
17	金鸡菊	常绿	观花	7—9 月	黄色、粉色
18	铃兰	落叶	观花	5—6 月	白色

续表

序号	名称	常绿、落叶、草花	观花、观叶	花期	花色
19	风雨兰	草花	观花	8—9 月	白色、粉色
20	福禄考	草花	观花	5—10 月	粉色系、紫色系、白色系
21	酢浆草	草花	观花	3—4 月	粉色系、橙色系、黄色系、红色系
22	朱顶红	草花	观花	4—6 月	多种颜色
23	郁金香	草花	观花	3—4 月	多种颜色
24	矮牵牛	草花	观花	4—10 月	多种颜色
25	天竺葵	草花	观花	4—7 月	粉色系、白色系
26	美女樱	草花	观花	5—11 月	粉色系、白色系、紫色系
27	玛格丽特	草花	观花	2—10 月	粉色系、白色系、黄色系
28	马缨丹	常绿	观花	全年	多种颜色
29	绣线菊	落叶	观花	6—8 月	粉色、白色
30	玉簪	常绿	观花、观叶	8—9 月	白色
31	迷迭香	常绿	观花、观叶	11 月	紫色
32	长春花	草花	观花	全年	多种颜色
33	风铃草	草花	观花	5—6 月	白色、紫色、粉色
34	石竹	草花	观花	4—8 月	白色、紫色、粉色、白色
35	三角梅	常绿	观花	全年	多种颜色
36	茉莉	常绿	观花	5—8 月	白色
37	三色堇	草花	观花	4—7 月	黄色、紫色、白色
38	金鱼草	草花	观花	5—7 月	多种颜色
39	姬小菊	草花	观花	4—11 月	紫色
40	飘香藤	常绿	观花	全年	玫红色、黄色
41	秋海棠	常绿	观花、观叶	全年	红色、粉色
42	常春藤	常绿	观花、观叶	9—10 月	淡黄白色、淡绿白色
43	喷雪花	落叶	观花	4—5 月	白色
44	锦带花	落叶	观花	4—6 月	玫红色
45	松果菊	草花	观花	6—7 月	粉色系、黄色系
46	狼尾草	常绿	观花	6—10 月	银白色
47	落新妇	草花	观花	6—9 月	粉色

续表

序号	名称	常绿、落叶、草花	观花、观叶	花期	花色
48	葡萄风信子	草花	观花	3—5 月	蓝紫色、粉色系、白色系
49	仙客来	草花	观花	11—翌年 3 月	粉色系、白色系
50	金银花	常绿	观花	4—6 月	黄白色
51	垂丝茉莉	常绿	观花	10—翌年 4 月	白色
52	大丽花	草花	观花	6—12 月	多种颜色
53	万寿菊	草花	观花	7—9 月	橙色系、黄色系
54	七里香	常绿	观花	4—8 月	白色
55	五星花	草花	观花	8—11 月	玫红色
56	假连翘	常绿	观花、观叶	5—10 月	紫色
57	大花马齿苋	草花	观花	6—9 月	粉色、白色、黄色
58	蜀葵	草花	观花	2—8 月	粉色系
59	凌霄	落叶	观花	5—8 月	橙色
60	杜鹃	落叶	观花	4—5 月	粉色系
61	鼠尾草	草花	观花	6—9 月	紫色系
62	粉黛乱子草	草花	观花、观叶	9—11 月	粉色系
63	细叶芒	草花	观花、观叶	9—10 月	银色系
64	墨西哥羽毛草	草花	观花、观叶	6—9 月	银色系
65	姜荷花	草花	观花	6—10 月	玫粉色

南方地区常见的观叶植物清单

序号	名称	常绿、落叶、草花	观花、观叶	叶形	叶色
1	心叶日中花	常绿	观花、观叶	—	翠绿银边
2	花叶蔓	常绿	观叶	—	翠绿银边
3	雪莹	常绿	观叶	心形叶	翠绿银边
4	婚礼吊兰	常绿	观花、观叶	—	叶片背面呈紫色
5	花叶络石	半落叶	观叶	—	花色、红色
6	佛甲草	常绿	观叶	—	黄绿色
7	银香菊	常绿	观花、观叶	—	灰白色
8	银线蕨	常绿	观叶	—	绿色银边
9	彩叶芋	落叶	观叶	—	多种颜色
10	黄金春羽	落叶	观叶	羽状深裂	金黄色
11	朝雾草	常绿	观叶	绒球状	灰白色
12	龟甲冬青	常绿	观叶	革质叶	—
13	金叶女贞	常绿	观叶	—	金黄色
14	龟背竹	常绿	观叶	羽状深裂	—
15	鸟巢蕨	常绿	观叶	阔披针形	—
16	狐尾天门冬	常绿	观叶	叶序呈狐尾状	—
17	银叶金合欢	常绿	观叶	—	灰白色
18	虎皮兰	常绿	观叶	—	花叶金边
19	玉簪	常绿	观花、观叶	—	绿叶金边
20	迷迭香	常绿	观花、观叶	叶形线	灰绿色
21	矾根	草花	观叶	—	多种颜色
22	天鹅绒海芋	常绿	观叶	金脉心形叶	—
23	秋海棠	常绿	观花、观叶	—	花色叶
24	卷边吊兰	常绿	观叶	叶卷曲	绿叶银边
25	常春藤	常绿	观花、观叶	三角状卵形	绿叶银边
26	千年木	常绿	观叶	长圆状披针形	玫红色
27	金边吊兰	常绿	观叶	—	绿叶金边
28	薄荷	草花	观叶	—	绿叶金边
29	金边假连翘	常绿	观花、观叶	—	—
30	粉黛乱子草	草花	观花、观叶	—	—
31	细叶芒	草花	观花、观叶	—	—
32	墨西哥羽毛草	草花	观花、观叶	叶细长如丝	—

南方地区常见的藤本植物和垂吊植物清单

序号	名称	常绿、落叶、草本	藤本、垂吊	观花、观叶	花期	花色	叶形	叶色
1	风车茉莉	常绿	藤本	观花	4—5 月	白色、粉色、黄色	—	—
2	法国香水藤	常绿	藤本	观花	12—翌年 2 月	黄色	—	
3	心叶日中花	常绿	垂吊	观花、观叶	6—9 月	玫红色	—	翠绿银边
4	花叶蔓	常绿	垂吊	观叶	—	—	—	翠绿银边
5	雪莹	常绿	垂吊	观叶	—	—	心形叶	翠绿银边
6	婚礼吊兰	常绿	垂吊	观花、观叶	全年	白色	—	叶片背面呈紫色
7	蓝雪花	落叶	藤本	观花	6—9 月	蓝色	—	—
8	铁线莲	落叶	藤本	观花	4—5 月、8—10 月	多种颜色	—	—
9	花叶络石	半落叶	垂吊	观叶	—	—	—	花色、红色
10	飘香藤	常绿	藤本	观花	全年	玫红色、黄色	—	—
11	卷边吊兰	常绿	垂吊	观叶	—	—	叶卷曲	绿叶银边
12	常春藤	常绿	藤本	观花、观叶	9—10 月	白色	三角状卵形	绿叶银边
13	金边吊兰	常绿	垂吊	观叶	—	—	—	绿叶金边
14	垂丝茉莉	常绿	垂吊	观花	10—翌年 4 月	白色	—	—
15	七里香	常绿	藤本	观花	4—8 月	白色	—	—
16	凌霄	落叶	藤本	观花	5—8 月	橙色	—	—
17	羽叶茑萝	草本	藤本	观花、观叶	7—9 月	橙色、红色	羽毛状	—
18	仙洞	草本	垂吊	观叶	—	—	不规则孔洞	—
19	山乌龟	草本	藤本	观叶	—	—	圆形叶	—
20	银斑葛	草本	垂吊	观叶	—	—	—	银色斑点
21	旱金莲	草本	藤本	观叶	6—9 月	橙色	圆形叶	—
22	翡翠吊兰	草本	垂吊	观叶	—	—	—	翠绿色
23	白金葛	草本	垂吊	观叶	—	—	—	白黄混色
24	多花素馨	常绿	垂吊	观花	2—8 月	白色	—	—
25	球兰	草本	垂吊	观花	4—6 月	白色	叶肉质	—
26	牵牛花	草本	藤本	观花	6—9 月	蓝色、紫色、红色、白色	—	—
27	爱之蔓	草本	垂吊	观叶	—	—	—	灰绿色

南方地区常见的时令草花清单

序号	名称	观花、观叶	花期	花色
1	风雨兰	观花	8—9 月	白色、粉色
2	福禄考	观花	5—10 月	粉色系、紫色系、白色系
3	酢浆草	观花	3—4 月	粉色系、橙色系、黄色系、红色系
4	朱顶红	观花	4—6 月	多种颜色
5	郁金香	观花	3—4 月	多种颜色
6	矮牵牛	观花	4—10 月	多种颜色
7	天竺葵	观花	4—7 月	粉色系、白色系
8	美女樱	观花	5—11 月	粉色系、白色系、紫色系
9	玛格丽特	观花	2—10 月	粉色系、白色系、黄色系
10	长春花	观花	全年	多种颜色
11	风铃草	观花	5—6 月	白色、紫色、粉色
12	石竹	观花	4—8 月	白色、紫色、粉色、白色
13	三色堇	观花	4—7 月	黄色、紫色、白色
14	矾根	观叶	4—10 月	多种颜色
15	金鱼草	观花	5—7 月	多种颜色
16	姬小菊	观花	4—11 月	紫色
17	松果菊	观花	6—7 月	粉色系、黄色系
18	落新妇	观花	6—9 月	粉色
19	葡萄风信子	观花	3—5 月	蓝紫色、粉色系、白色系
20	仙客来	观花	11—翌年 3 月	粉色系、白色系
21	大丽花	观花	6—12 月	红色、粉色、白色、黄色、紫色
22	万寿菊	观花	7—9 月	橙色系、黄色系
23	五星花	观花	8—11 月	玫红色
24	大花马齿苋	观花	6—9 月	粉色、白色、黄色
25	蜀葵	观花	2—8 月	粉色系
26	鼠尾草	观花	6—9 月	紫色系
27	粉黛乱子草	观花、观叶	9—11 月	粉色系

续表

序号	名称	观花、观叶	花期	花色
28	细叶芒	观花、观叶	9—10 月	银色系
29	墨西哥羽毛草	观花、观叶	6—9 月	银色系
30	姜荷花	观花	6—10 月	玫粉色
31	角堇	观花	12—翌年 4 月	红色、白色、黄色、紫色、蓝色
32	龙面花	观花	4—6 月	红色、粉色、白色、紫色、黄色
33	蓝盆花	观花	10—翌年 5 月	蓝紫色
34	海豚花	观花	10—翌年 5 月	蓝紫色
35	百万小玲	观花	3—10 月	黄色、粉色、紫色
36	香雪球	观花	6—7 月	白色
37	六倍利	观花	9—翌年 3 月	蓝紫色
38	羽叶报春	观花	12—翌年 4 月	粉紫色
39	丹麦风铃草	观花	5—7 月	紫色、白色
40	蓝星花	观花	4—8 月	蓝紫色
41	飞燕草	观花	7—8 月	蓝色、白色、紫色、粉色
42	鲁冰花	观花	3—5 月	粉红色、黄色、白色、蓝色
43	耧斗菜	观花	4—7 月	粉色、蓝紫色
44	虞美人	观花	3—8 月	红色、粉红色、紫色、白色、黄色
45	北美耳草	观花	3—4 月	蓝紫色
46	虎耳草	观花	4—11 月	粉白色
47	报春花	观花	12—翌年 4 月	红色、粉色、紫色、白色
48	露薇花	观花	3—7 月	白色、粉色、黄色
49	筋骨草	观花	4—8 月	紫色
50	龙胆花	观花	8—9 月	蓝紫色
51	薰衣草	观花	6—9 月	蓝紫色

案例分析

前面已经分析了该阳台花园的功能分区和基础条件，明确了想要打造的风格，下一步就要选择植物品种了。

该阳台光照、通风条件较好，因此大多数喜阳、耐晒的植物都可以存活，选择范围较广。在选择植物时，我们需要考虑观赏性的搭配，以开花植物为主，搭配少量观叶植物。这里选择了月季、绣球、小木槿、石竹、长寿花、蓝雪花、狗牙花、栀子、鸳鸯茉莉等开花植物，同时搭配了朝雾草、雪莹、花叶络石等观叶植物。

由于阳台右侧视野效果不佳，因此考虑设置花墙遮挡视线，这里选择了皮实且生长迅速的风车茉莉作为花墙植物。在阳台左侧的空调外机格栅处，也设置了花墙进行美化，栽植了较为畏强光且耐寒的铁线莲。

在季节的观赏性上，春季主要观赏植物选择了石竹、多花素馨、风车茉莉、长寿花、栀子、鸳鸯茉莉、铁线莲、法国香水藤和红花满天星。夏季主要观赏植物有绣球、月季、蓝雪花、小木槿、木槿、矮牵牛、狗牙花、松果菊、铁铃铛。秋季主要观赏植物选择了长寿花、鸳鸯茉莉和绣球。冬季则以法国香水藤、长寿花和红花满天星为主要观赏植物。这样确保了阳台花园四季都有鲜花盛开，每个季节都有美景可赏。

考虑到花园的操作乐趣，在春夏季还可以补充一些一年生植物，如葡萄风信子、郁金香、铃兰、酢浆草、香水百合和朱顶红。这些一年生植物既可以补充不同季节的花园主题植物品种，也可以提供栽植的乐趣。

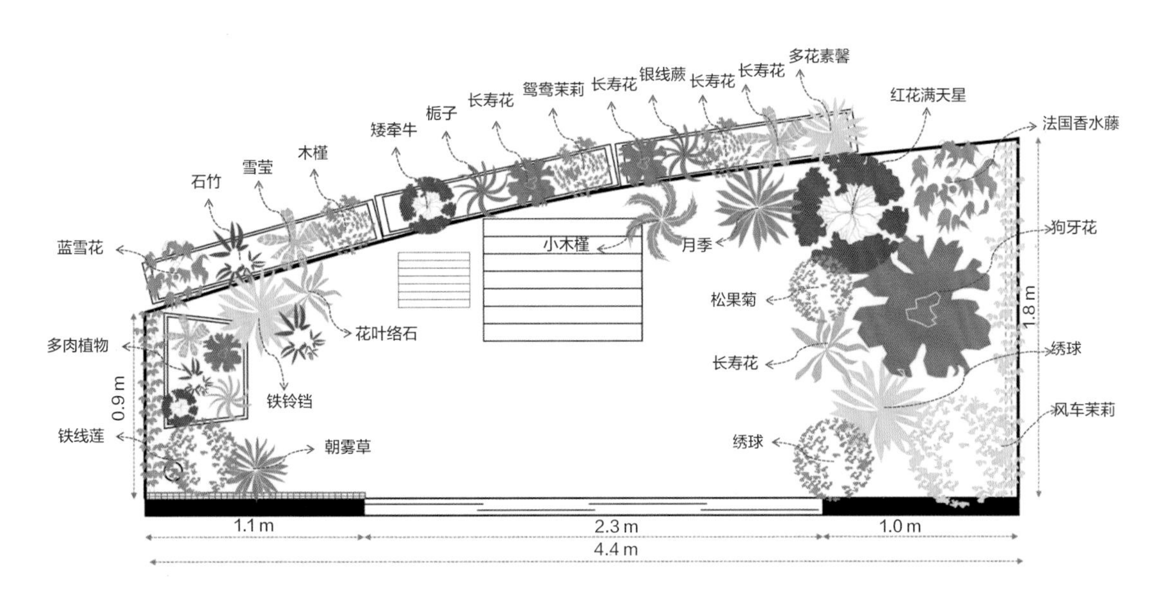

阳台花园植物平面布置图

阳台花园植物清单

名称	分类	常绿、落叶	观赏性	花期
风车茉莉	藤本	常绿	观花	4—6 月
法国香水藤	藤本	常绿	观花	11—翌年 4 月
铁线莲	藤本	落叶	观花	4—5 月
花叶蔓	藤本	常绿	观叶	—
雪莹	藤本	常绿	观叶	—
多花素馨	藤本	常绿	观花	2—5 月
花叶络石	藤本	常绿	观叶	—
绣球	灌木	落叶	观花	6—8 月
狗牙花	灌木	落叶	观花	6—11 月
红花满天星	灌木	常绿	观花	6—8 月
鸳鸯茉莉	灌木	常绿	观花	4—10 月
栀子	灌木	常绿	观花	3—7 月
月季	灌木	常绿	观花	4—11 月
小木槿	灌木	落叶	观花	4—11 月
木槿	灌木	常绿	观花	4—11 月
蓝雪花	灌木	落叶	观花	4—10 月
金鸡菊	草本	常绿	观花	5—9 月
佛甲草	草本	常绿	观叶	—
彩叶芋	草本	常绿	观叶	—
黄金春羽	草本	常绿	观叶	—
铃兰	草本	落叶	观花	5—6 月
风雨兰	草本	常绿	观花	4—9 月
松果菊	草本	常绿	观花	6—8 月
酢浆草	草本	落叶	观花	3—4 月
朱顶红	草本	落叶	观花	4—6 月
郁金香	草本	落叶	观花	3—4 月
矮牵牛	草本	落叶	观花	4—10 月
心叶日中花	草本	常绿	观叶	—
长寿花	草本	常绿	观花	全年
婚礼吊兰	草本	常绿	观花	12—翌年 3 月
银线蕨	蕨类	常绿	观叶	—

八 打造低维护阳台花园

维护一个漂亮、干净、健康的阳台花园需要花费不少精力。由于阳台花园多以盆栽为主，少则十几盆，多则上百盆，这些植物的浇水、施肥、换盆、驱虫等养护工作都是非常耗费精力的。

阳台花园盆栽草花效果 1
图片来源：创作者 @ 花园里的潘潘

阳台花园盆栽草花效果 2
图片来源：创作者 @ 花园里的潘潘

如何轻松打造一个四季变换、美丽的阳台花园，而且不需要花费过多精力，是很多人关心的问题。要打造低维护的阳台花园，主要考虑以下四个方面：

1. 考虑植物的四季效果

要想打造一个低维护的花园，在一开始设计花园时就要考虑植物品种的搭配，以确保四季都有开花的植物。这样每到换季时，就不需要开展浩大的换花工程，只需坐等欣赏每个季节应季开放的植物即可。

2. 木本植物为主，草本植物为辅

要想有个低维护的花园，在选择植物品种时，应以木本植物为主，草本植物为辅。

木本植物会随着四季变化不断生长。随着时间的沉淀，木本植物的花开花落，会使花园越来越丰满，越来越美丽。藤本植物爬满墙壁，小苗逐渐长大，开花落叶，见证花园的四季变化。

草本植物多为一年生观赏植物，季节性强。虽然季节性草花十分美丽，但观赏期过后的清理工作是非常耗费精力的。因此，草本植物可作为季节辅助性植物存在，每个季节选择两三种时令草花，以增强花园的季节观赏性。

以木本植物为主、草本植物为辅的配置方式，可以有效地减少换季时花园维护的精力投入。

阳台花园木本植物与草本植物搭配种植
图片来源：创作者 @ 花园里的潘潘

阳台花园一年生植物与多年生植物搭配种植
图片来源：创作者 @ 花园里的潘潘

3. 主要选择成苗植物

植物养护过程中最费精力的无外乎植物生病和换盆。

若种植植物幼苗，便需要投入大量精力去呵护幼苗的生长，施肥、换盆、移栽等养护操作将会频繁出现。选择成苗则可以大大减少这类操作的发生，因为规格大的成苗长势稳定、抗病虫害能力强，一两年才需换一次盆，其养护投入的精力也较少。

在采购植物时，建议选择盆径15 cm 以上的规格。随着植物的生长，可以逐步更换更大的花盆。起初可以更换为18 ~ 20 cm 口径的花盆，然后更换为24 ~ 25 cm 口径的花盆，最后更换为30 ~ 33 cm 口径的花盆乃至更大。随着花盆口径的增大，更换频率会逐渐降低。

不同体量规格植物搭配效果 1
图片来源：创作者 @ 花园里的潘潘

不同体量规格植物搭配效果 2
图片来源：创作者 @ 花园里的潘潘

4. 选择适合的种植土

种植土的好坏直接影响植物的生长情况。很多植物的死亡原因与种植土有关，如闷根、不透气、土壤板结等都会导致植物死亡。因此，种植土的选择需要根据植物的特性、花盆的材质和环境特征来判断。在后面的章节中，我们将专门讲解如何选择种植土。合适的种植土可以让植物生长得更好、更健康，减少植物病害，从而减轻养护的负担。因此，我们不应忽视种植土这一因素，而应选择适合的种植土或沙土来栽植植物。

阳台花园植物摆放的层次感

将选好的植物采买回来后，又面临一个问题：如何将这些植物进行合理的摆放。最常见的方式就是沿着阳台边缘摆放一圈植物，这些植物大小基本一样、高度基本一致，呈一字形排开。虽然这样的摆放看起来整齐，但像苗圃一样毫无美感。

那么，如何避免苗圃式的摆放呢？关键在于打造植物层次。这样做不仅可以营造出空间氛围感，更是决定阳台花园颜值高低的关键。

常见的植物摆放形式有两种：一种是组团式，另一种是花架式。

一 组团式植物摆放

植物组团式摆放适合阳台进深较大的空间，进深至少大于1.2 m，以便放下四五盆植物，这样可以为植物组团的变化创造条件。如果阳台进深空间不足，只能摆放3盆或更少的植物，则不足以打造植物组团。

植物组团最常见的两种形式是单面观赏式和四面观赏式。单面观赏式适用于空间尺度较小的阳台花园，仅有一面为主看面，人无法绕其四周进行观看。四面观赏式则适用于空间尺度较大的露台花园或私家花园，可以对该植物组团进行四面观赏，这种组团的配置难度也相对较大。由于打造的是阳台花园，因此主要介绍单面观赏式植物组团。

单面观赏式植物组团常以墙体或栏杆作为背景，打造单面的观赏效果。它通常出现在阳台两侧空间，为阳台花园打造纯观景角落。

植物组团的层次感主要受以下因素影响：植物自身的体积（包括高度和冠幅）、植物的形态和植物的摆放位置。其中，植物自身的体积和摆放位置对层次感的影响最大。随意堆放植物会让阳台花园显得杂乱无序，过于整齐的摆放又会让阳台花园显得单调乏味，要想打造出有序且高低错落的植物组团，就需要运用不等边三角形原则。

1. 不等边三角形原则

不等边三角形原则是指植物摆放的平面位置应遵循不等边三角形的落位，每3盆植物的摆放不应位于一条直线上，而是在不等边三角形的3个顶点上。这样的布局可以避免出现整齐划一、呆板的植物摆放形式。

当然，不等边三角形原则不仅对摆放点位有规定，对摆放点位的顺序也有所限制。在应用不等边三角形原则时，3盆植物为一组，这3盆植物不应是同样大小的，而应有体量上的区别。最大的植物（A）和最小的植物（C）应靠在一起，放在不等边三角形短边的两个顶点上，而将中间体量的植物（B）放在不等边三角形长边的顶点上，这三者的平面连线将共同构成一个不等边三角形。

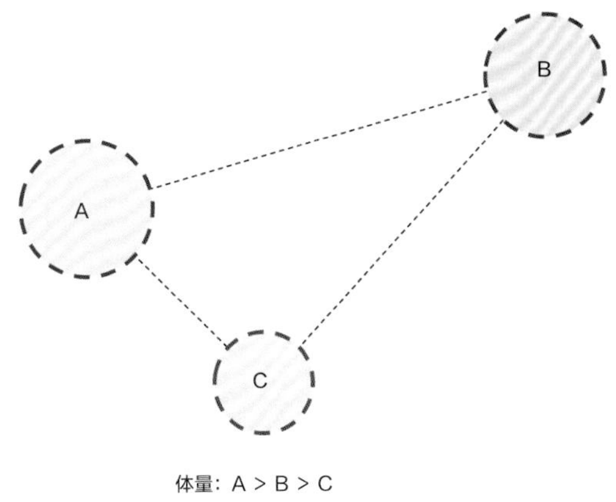

3 个一组不等边三角形平面布置示意图

在实际的操作摆放中，我们不可能只有3盆植物，不断叠加运用不等边三角形原则即可。例如，当我们想用5盆植物打造一个植物组团时，首先，要对这5盆植物的体量大小进行排序（A>B>C>D>E）；然后，将A和C视作一个整体，将D和E看成另一个整体，确保A+C>B>D+E。之后，我们将按照不等边三角形原则摆放A+C、B和D+E的位置，再分别以A、B、C为一组，B、C、E为一组，B、D、E为一组，每组都应满足不等边三角形原则。

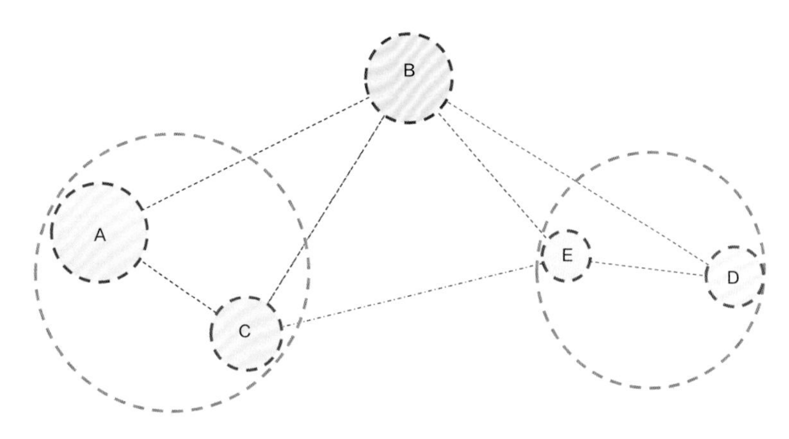

5 个一组不等边三角形平面布置示意图

2. 植物摆放的平立面转化

植物组团是立体的。仅满足平面位置的摆放是不够的，为了营造错落有致的植物组团，还需要考虑其立面的呈现状态。立面画面的构成与平面的摆放遵循同样的原则——不等边三角形原则，即每3盆植物中最大的植物（A）与最小的植物（C）相邻，中间体量的植物（B）远置。

在立面呈现的画面中，最大的植物是指高度最高、宽度最宽或体积最大的植物。最小的植物则指高度最低、宽度最窄或体积最小的植物。

3个为一组的平面转立面构成可以有以下两种形式：

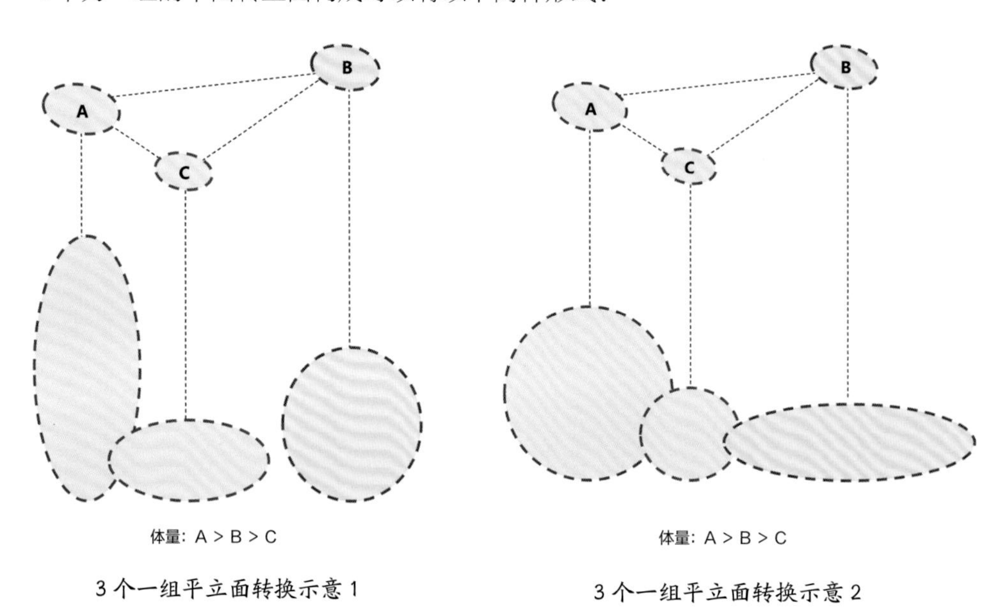

3 个一组平立面转换示意 1

3 个一组平立面转换示意 2

5 个为一组的平面转立面构成可以有以下两种形式：

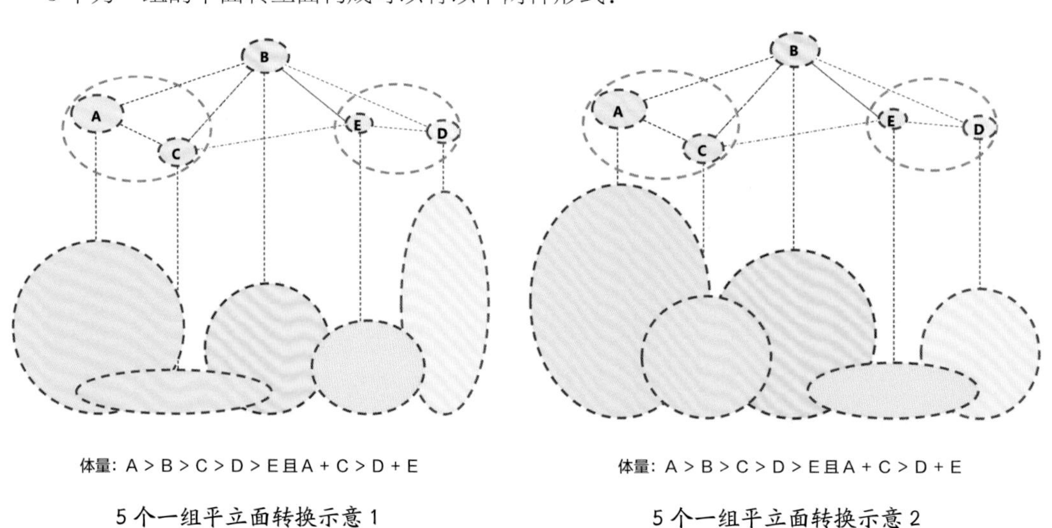

5 个一组平立面转换示意 1

5 个一组平立面转换示意 2

案例分析

该阳台右侧进深1.8 m，可以容纳5盆小盆栽或3盆大盆栽，因此这一侧被设置为植物组团摆放区。在打造这个区域的植物组团时，由于和右侧的邻居家对视，为了营造干净的背景，我们选择了风车茉莉作为背景花墙植物。风车茉莉是常绿植物，叶片茂密且皮实，不易受病虫害侵袭，每年开花1 ~ 2次，是一种非常好的背景植物。

在布置这个区域的植物组团时，我们首先对空间环境进行了处理，然后对该区域的植物组团进行体量大小的排序。植物体量从大到小的顺序是：风车茉莉、木槿、绣球、光辉岁月向日葵、红花满天星、秋菊、紫斑风铃草、花手鞠绣球、长寿花、中华桔梗。

由于这是一个单面观赏的植物组团，我们按照大体量在后、小体量在前、由后往前的摆放原则摆放植物，最大的3盆作为第一组，采用不等边三角形原则摆放，并逐步增加盆栽植物进入组合，确保每3盆植物都能满足不等边三角形原则。

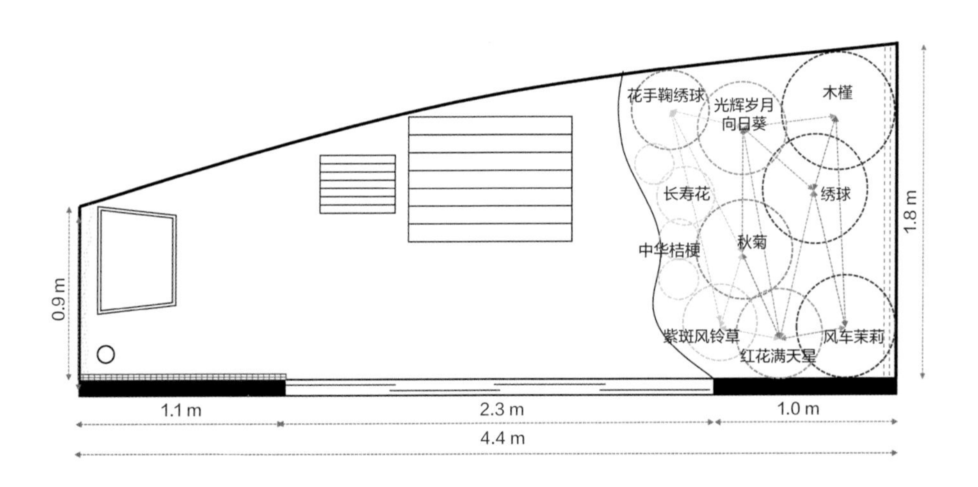

植物组团平面图

先用木槿、绣球、风车茉莉构成一个不等边三角形，作为植物组团的背景层。为了保持背景层的水平高度一致，需要借助外物来抬高绣球的高度。同时，整个植物组团的层次高度递减，以确保视觉上的和谐与美观。

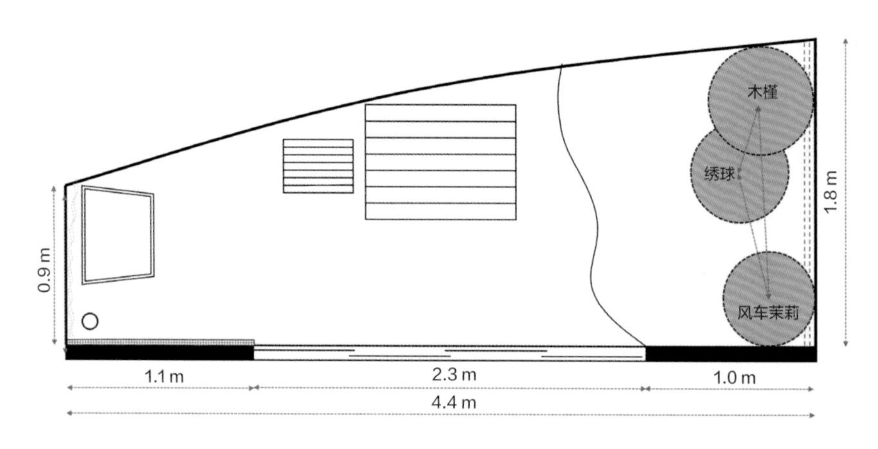

植物组团平面示意图——步骤 1

植物组团立面图——木槿 + 绣球 + 风车茉莉

植物组团立面分析——木槿 + 绣球 + 风车茉莉

为了增加植物组团的层次感，我们继续搭构第二层的植物，在左侧加入光辉岁月向日葵，形成木槿、绣球和光辉岁月向日葵的不等边三角形组合。需要注意的是，光辉岁月向日葵的高度应低于绣球，以保持木槿、绣球、光辉岁月向日葵在立面上的不等边三角形原则。

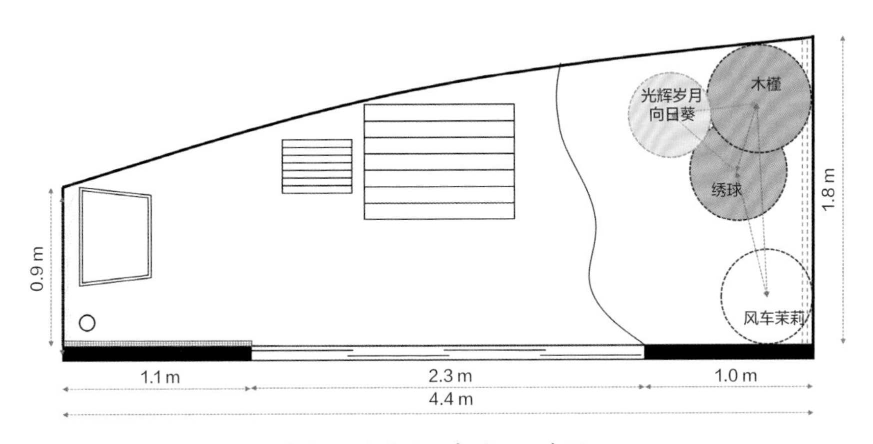

植物组团平面示意图——步骤 2

植物组团立面图——木槿 + 绣球 + 光辉岁月向日葵 + 风车茉莉

植物组团立面分析——木槿 + 绣球 + 光辉岁月向日葵 + 风车茉莉

植物组团的右侧采用相同的处理手法，选择了红花满天星作为填充植物，与风车茉莉、绣球形成了立面上的不等边三角形组合。同样，红花满天星的高度需要低于绣球，以确保风车茉莉、绣球、红花满天星在立面上保持不等边三角形原则。

加入红花满天星后，还要满足绣球、光辉岁月向日葵、红花满天星的不等边三角形原则，该三角形为第一层与第二层的过渡，需要处理好高度差的衔接关系。

由于光辉岁月向日葵、绣球、红花满天星的体量相当，因此植物的高度差也是形成层次感的重要因素。当三者体量相当时，通过在不同高度放置，也能很好地构成不等边三角形。再通过创造高度差来营造植物的体量差，这样就能在平面和立面上兼顾不等边三角形原则。

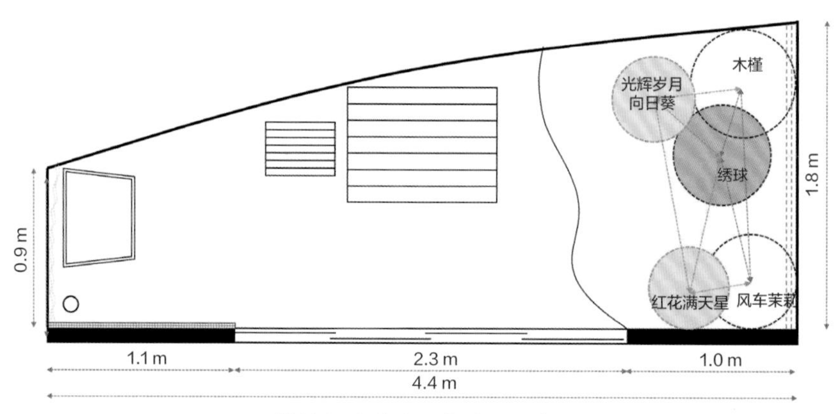

植物组团平面示意图——步骤 3

植物组团立面图——木槿 + 风车茉莉 + 绣球 + 光辉岁月向日葵 + 红花满天星

植物组团立面分析——木槿 + 风车茉莉 + 绣球 + 光辉岁月向日葵 + 红花满天星

植物组团高度层层递减，逐渐接近地面高度。第一层级为木槿、绣球、风车茉莉构成的背景层，第二层已完成光辉岁月向日葵和红花满天星的布置，需要补充一盆高度矮于红花满天星，但体量感较强的植物构成第二层，并做好衔接。这里加入秋菊，构成光辉岁月向日葵、秋菊和红花满天星的不等边三角形。秋菊株型饱满密实，体量感强，放置在中心能较好地稳住画面平衡。

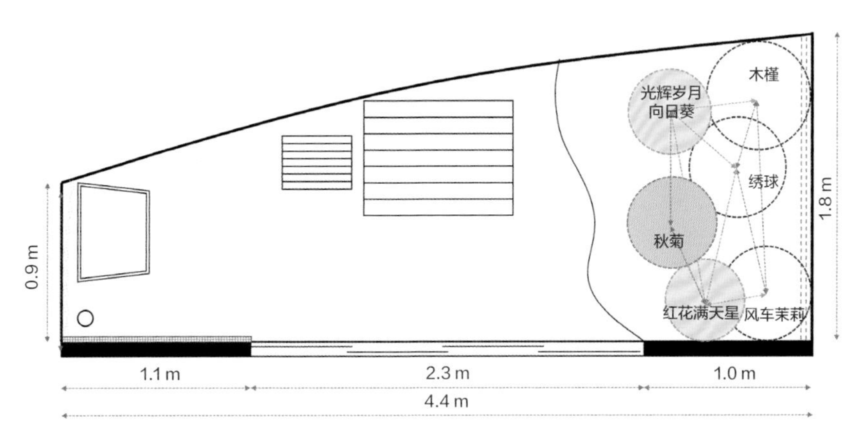

植物组团平面示意图——步骤 4

植物组团立面图——光辉岁月向日葵 + 红花满天星 + 秋菊

植物组团立面分析——光辉岁月向日葵 + 红花满天星 + 秋菊

使用相同的配置手法，完成第三层与第二层的衔接，需要在左右两侧分别加入植物A和植物B，构成光辉岁月向日葵、秋菊、植物A的不等边三角形和红花满天星、秋菊、植物B的不等边三角形。同时，确保秋菊、植物A、植物B构成不等边三角形。

在此处，右侧的植物B选择紫斑风铃草，构成红花满天星、秋菊和紫斑风铃草的不等边三角形。紫斑风铃草作为竖向植物，与木槿和风车茉莉一同作为构成整体植物组团中植物形态变化的重要元素，营造植物变化与统一的形式美感。

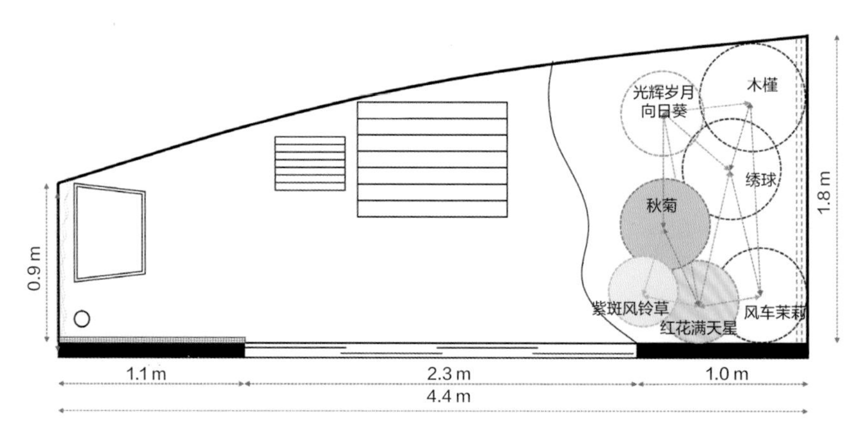

植物组团平面示意图——步骤5

植物组团立面——红花满天星＋秋菊＋紫斑风铃草

植物组团立面分析——红花满天星＋秋菊＋紫斑风铃草

左侧的植物 A 选择花手鞠绣球，使其与光辉岁月向日葵、秋菊构成不等边三角形。由于花手鞠绣球的高度和体量均小于光辉岁月向日葵，这样在平面和立面上均能满足不等边三角形原则。

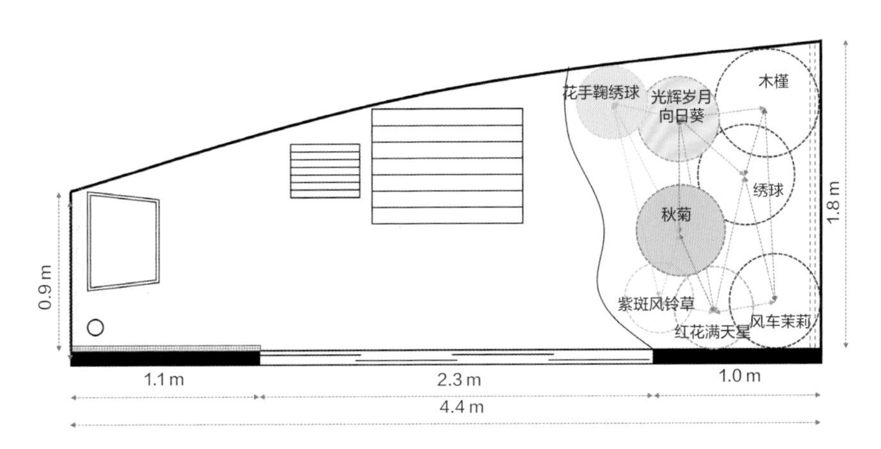

植物组团平面示意图——步骤 6

植物组团立面图——光辉岁月向日葵 + 秋菊 + 花手鞠绣球

植物组团立面分析——光辉岁月向日葵 + 秋菊 + 花手鞠绣球

同时，秋菊、花手鞠绣球、紫斑风铃草的不等边三角形也很好地衔接了光辉岁月向日葵、秋菊、红花满天星的不等边三角形，使得第二层植物顺接第三层植物。

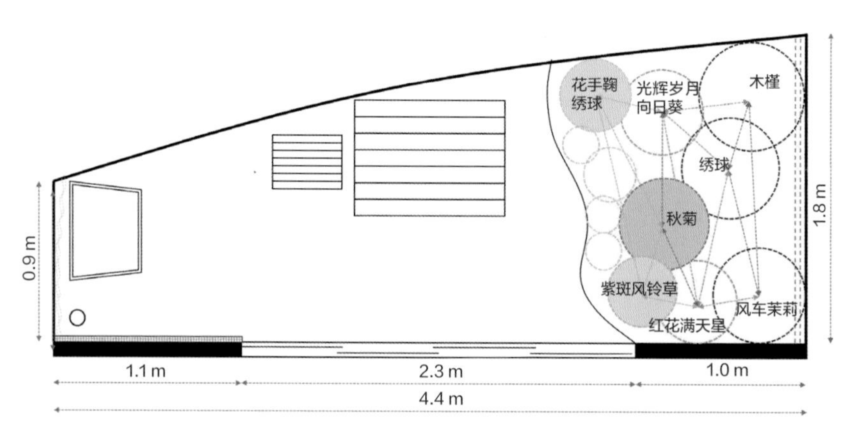

植物组团平面示意图——步骤 7

第二层、第三层植物组团立面图

第二层、第三层植物组团立面分析

最后是植物组团的收边。作为植物组团的前景，可以选择低矮匍匐类植物做收边，以衔接秋菊的高度。考虑到需要密实但体量小的植物做前景，这里选择了长寿花和中华桔梗作为收为边植物。

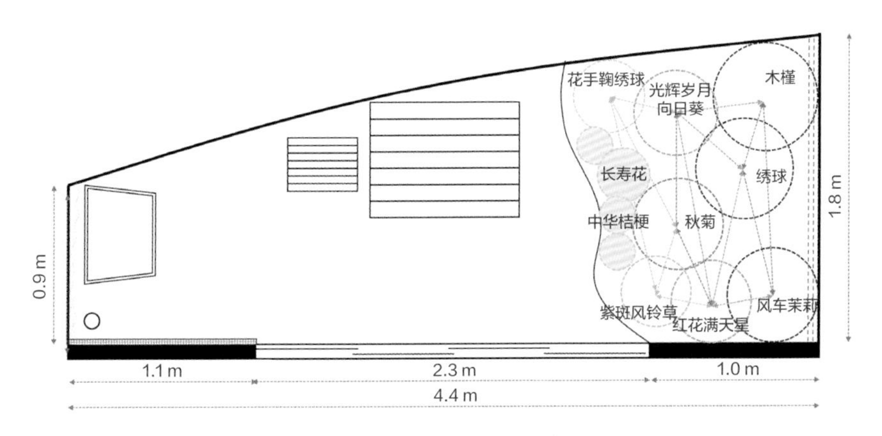

植物组团平面示意图——步骤 8

植物组团局部立面图 1

植物组团局部立面图 2

由于植物是不断生长的，因此植物组团也不是一成不变的。需要根据植物的生长情况和季节变化及时进行调整，以保持植物组团的动态平衡，并呈现不同季节的独特景观。

春初植物组团呈现效果

夏初植物组团呈现效果

3. 植物组团的色彩

植物组团的效果受到植物摆放和色彩搭配的双重影响。在打造植物组团时，需要同步考虑色彩的搭配，采用一些开花植物或观叶植物，为植物组团增添色彩。

在搭配色彩时，应尽量选择色系统一或低饱和度的颜色相搭配，比如蓝紫色系、粉红色系和黄白色系等。应避免高饱和度颜色搭配，比如大红色、橙色、紫色、金黄色等。应尽量选择同类色和邻近色，避免选择互补色和对比色，它们的视觉冲击力比较强，会使植物组团产生强烈的分裂感，破坏整体的美感，使阳台花园显得杂乱无章。

粉黄色系植物色彩搭配效果

蓝白色系植物色彩搭配效果

植物色彩搭配效果 1

植物色彩搭配效果 2

二 花架式植物摆放

另一种常见的植物摆放形式是花架式植物摆放，它适合小尺度阳台花园，能有效打造植物层次感。当阳台的进深小于 1.2 m 时，建议考虑采用花架式植物摆放形式。

1. 花架的种类

广义上的花架可以是落地式置物架、种植槽、悬挂式种植盆、桌脚式种植盆，也可以是附壁式的种植盆等。花架式的植物摆放可以尽可能地利用纵向空间，需要增强植物的层次感。

桌角式种植盆

种植槽

落地式置物架

2. 落地式花架的摆放原则

落地式花架既可以是常见的置物架改造而来，也可以是自制的花架。

在选择花架时，应尽量选择每层高度不一致的，放置不同大小的植物，可以打造出丰富的层次感。不过，花架的层数并非越多越好，一般来说，三四层是比较合适的，可以避免花架过高导致浇水困难的情况，也能避免花架过低导致无法充分利用纵向空间的情况。

花架每层的高度应至少为 30 cm，这样至少能放下口径为 12 cm 的小植物。花架最下层的高度建议超过 50 cm，以便能容纳体积较大的植物。

在摆放植物时，应遵循上小下大的原则。体积较大的植物放置在下层作为基础，而上层则放置体量较小的植物，以保持整体结构的稳定性。每层花架上放置的植物数量不宜过多，应适当留白，避免过于密集。

由于植物是垂直叠放，放在下层的植物需要具备一定的耐阴性，以确保植物生长良好。完成花架上的植物摆放后，不要忘记花架四周的植物摆放，这部分是提升花架式植物空间整体感的关键。由于花架线条相对硬朗，需要采取一些措施来柔化花架“脚”。可以在其四周摆放一两盆稍大的植物，用来遮挡花架的支撑杆，同时丰富植物的层次感。

案例分析

该阳台左侧进深仅有0.9 m，进深不足，无法支撑植物组团摆放，因此，左侧采用花架式植物摆放形式，充分利用纵向空间。这里选择了一款尺寸为35 cm（长）×35 cm（宽）×160 cm（高）的四层白色落地置物架，摆放在左侧空间，并由下至上摆放体量由大到小的植物，分别为银叶菊、花叶络石、长寿花组合及多肉盆栽组合。

花架与下水管之间仍有富余空间，可以放置一组植物作为花架落脚的遮挡，柔和过渡至地面。这里选择了月季、彩叶芋、黄金春羽作为一组，同样按照不等边三角形原则摆放，棒棒糖月季能遮挡花架的纵向支撑杆，彩叶芋和黄金春羽均为阔叶植物，对花架落脚进行了很好的遮挡。

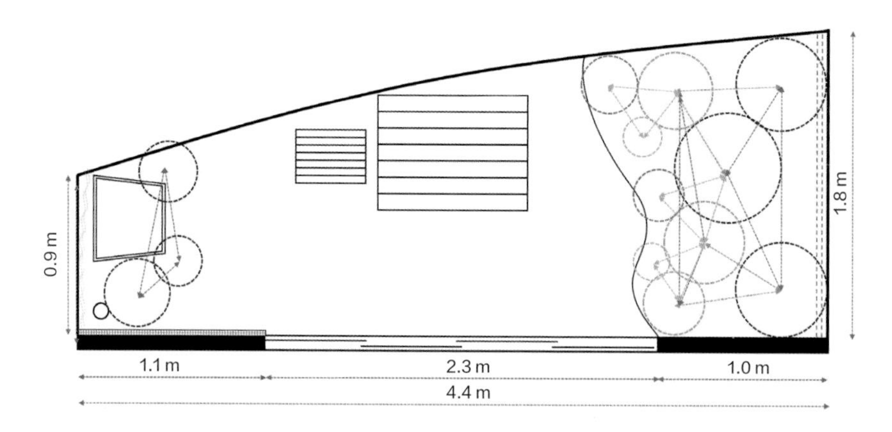

阳台平面布置示意图

落地式花架植物摆放呈现效果

3. 悬挂式花架的摆放原则

常见的悬挂式花架有吊盆和挂架，这两种形式都能补充阳台的上层空间层次。

吊盆能纵向地补充阳台上部空间，使阳台花园的层次感更加丰富。同时，吊盆也有视线遮挡的作用。如果阳台朝向小区内或阳台视野比较杂乱，吊盆植物可以很好地遮挡视线，将整体视觉焦点放在阳台内部。

吊盆栽植的植物优先选择垂吊植物，如花叶蔓、心叶日中花、多花素馨、绣线菊等，这些植物的枝条可以向下生长。

若使用多个吊盆，建议垂吊的高度错落有致，不要一字排开在同一个高度上，这样阳台花园的层次感会更好。应注意避免将吊兰放在阳台的中心位置，建议放在边角两侧。

悬挂式花架——吊盆

案例分析 1

该阳台正面视野为小区其他楼栋，视野背景相对杂乱，需要进行一定视线的遮挡。由于正面为主采光面，因此不能采用“实”隔离，仅能采取“虚”隔离的方法。这里利用灯串将视线引向阳台内部，形成画面框景，以降低背景的存在感。

同时，为了丰富阳台花园的层次感，配置了少量垂吊植物：花叶蔓和心叶日中花。吊盆的高度错落有致，而不是保持在同一水平线上。这里利用了伸缩挂钩来创造高度差，由于伸缩挂钩可以自由升降，因此它在解决吊盆植物浇水问题时也发挥了很大的作用。

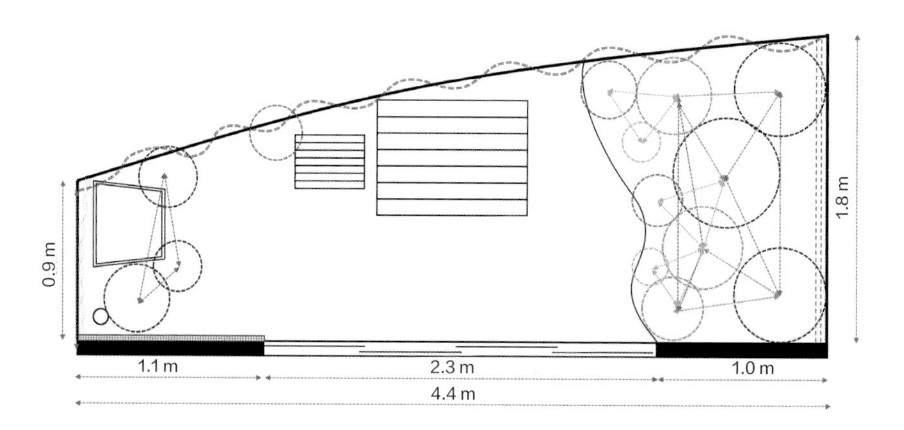

阳台平面布置示意图

阳台正面视野呈现效果

竖向悬挂的花架除吊盆外，还有挂架。挂架一般在阳台栏杆上使用，可以补充阳台中部空间的景观。挂架有不同长度可供选择，包括独立花盆位的挂架和可以放下四五个花盆的延长挂架。建议使用口径为 15 ~ 18 cm 的花盆，因为太大的花盆不适合放在中部空间，容易导致下层空间与上层空间搭配失衡，使阳台花园看起来“头重脚轻”。

悬挂式花架——挂架

悬挂式花架——挂盆

挂架上的植物可以选择垂吊植物或草花，垂吊植物可以修饰阳台栏杆，而草花的颜色丰富艳丽，能很好地点缀花园效果。

案例分析 2

该阳台为开放式凸阳台，配置了玻璃栏杆，且面积较小。可借用阳台栏杆设置挂架，增加中层植物景观，让植物层次更加丰富。

这里使用了3个尺寸为100 cm × 20 cm × 12 cm 的铁艺挂架，每个挂架可以放置4盆口径为15 ~ 18 cm 的植物。可选择木槿、银线蕨、长寿花、松果菊、多花素馨、花叶蔓、中华桔梗、百日红、蓝雪花等多种不同植物。这些植物的高度和形态各异，可以打造出高低错落的天际线，避免整齐划一的单调感。特别值得一提的是，花叶蔓这类垂吊植物对栏杆有着很好的美化遮挡作用。

小贴士

关于挂架的安装位置，不建议将其悬架在阳台栏杆外侧，在阳台内侧使用相对更为安全。在安装挂架时，一定要确保其牢固稳定，保障安全。

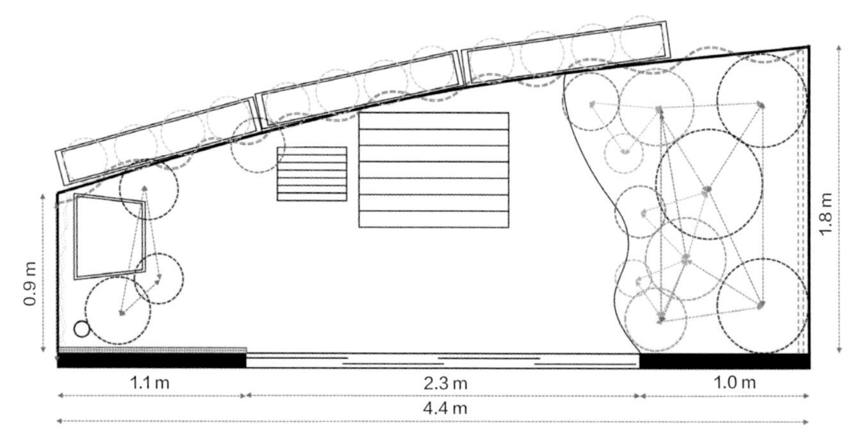

阳台平面布置示意图

挂架植物呈现效果 1

挂架植物呈现效果 2

4. 附壁式花盆的摆放原则

附壁式花盆指的是可以挂在墙上的花篮或者可以挂在下水管上的挂盆。

附壁式花盆或花篮一般是独立存在的，能很好地点缀纵向空间。阳台通常都有下水管，除了生活阳台把下水管包住做柜体，一般的下水管都是裸露在外的。为了美化阳台，可以采用附壁式花盆，从而弱化水管的存在感，增加整体背景的丰富度。

在植物选择上，附壁式花盆或花篮适宜种植垂吊植物或草花，推荐选择口径为 12 ~ 15 cm 的花盆植物，如雪莹、婚纱吊兰、大叶银斑葛等。需要注意的是，避免在水管上挂过于沉重的植物，以免拉裂水管。

案例分析

对于阳台下水管的处理，可以用麻绳整体缠绕，改变下水管的外观。麻绳的粗糙和自然质感与麻绳网相呼应，统一了整体背景的材质。

可以在附壁式花盆里栽植佛甲草、大叶银斑葛等垂吊植物来美化下水管。同时，栽植铁线莲使用其顺着下水管攀爬，实现立体美化整体下水管的效果，将原本的不利条件转化为可利用的工具。需要注意的是，附壁式花盆的重量及放置高度需慎重考虑，以便后期养护操作。

附壁式花盆呈现效果 1

附壁式花盆呈现效果 2

阳台花园花盆的选择

花盆的选择是打造阳台花园的重要环节，它不仅影响着阳台花园的美观，还直接关系到植物的生长状态。那么，如何挑选合适的花盆呢？挑选花盆的关键又是什么呢？下面就来探讨如何正确选择花盆。

一 常见的花盆种类及性能

花盆的种类有很多，常见的有陶土盆、塑料盆、铁艺盆、釉陶盆、水泥盆和编织盆等。花盆的材质不同，性能也有差异。

1. 陶土盆

陶土盆是指用陶土烧制而成的花盆，具有良好的透气性和透水性，有利于植物根系的生长，不易导致根系闷热。然而，陶土盆也有其不足之处，例如容易长青苔、自重大及易碎。常见的陶土盆有红陶盆和帝罗马盆。

红陶盆的质感相对粗糙，颜色呈红橙色。根据大小不同，其价格在10 ~ 60元之间波动。红陶盆与热带植物的搭配被视为经典之作，如果想要打造热带植物花园，红陶盆是理想的选择。

帝罗马盆则具有相对细腻的质感，其颜色多为肉粉色，并带有印花纹理。根据大小不同，价格为30 ~ 200元不等。在杂货风花园中，帝罗马盆的使用频率相对较高。

红陶盆

帝罗马盆

2. 塑料盆

塑料盆的特点包括轻便、结实、经久耐用、耐挤压、不易变形破损等。常见的品种有青山盆、加仑盆等，不同品种的塑料盆特性各异。

青山盆是一种控根盆，其盆侧壁和底部的特殊结构使其具有良好的透气性和控水性，能有效防止根系沤烂，具有良好的控根效果，能使植物根系发达而不盘根。市面上常见的青山盆颜色有白色、绿色和蓝色，价格亲民，一般在5 ~ 30元之间。白色的青山盆和热带植物的匹配度极高，是理想的花盆选择。

青山盆

加仑盆是常见的塑料盆，价格相对便宜，其特点包括结实、耐挤压、不易变形，以及装盆轻便省力、规格大小齐全。但与青山盆相比，其透气性和透水性能比较差，如果盆土不够疏松透气，容易造成闷苗。

加仑盆

3. 铁艺盆

铁艺盆，顾名思义，指采用钢铁制作而成的花盆。其表面常常带有独特的图案纹理，并经过做旧处理，有着独特的韵味。尽管铁艺盆的造型美观，但由于透气性和透水性相对较差，不利于植物根系的生长，因此，为了确保植物的健康，铁艺盆更适合作为套盆使用。由于铁艺盆造型多变，故其价格差异也较大，外观精美的铁艺盆甚至可以单独作为装饰摆件使用。若要营造自然、野趣的花园氛围，铁艺盆是搭配草花或观赏草一类植物的绝佳选择。

铁艺盆

4. 釉陶盆

釉陶盆是表面覆盖彩釉烧制而成的陶瓷盆。这种花盆样式多样，色彩丰富，但透气性和透水性能较差，容易破损。由于其透气性和透水性差的特点，釉陶盆适合栽植小型多肉植物，对大型植物并不友好，可能会导致植物生病甚至死亡。

釉陶盆

5. 水泥盆

水泥盆具有防腐耐用、容量大、不易破损的特点，但同时也存在透气性差、土壤易变硬、花盆自重大的缺点。因此，需要定期更换土壤，以确保植物健康生长。水泥盆常用于栽植大型盆栽植物，如天堂鸟、琴叶榕、幸福树、发财树等。凭借粗糙的水泥材质肌理和简约的样式，水泥盆在北欧风格的家居设计中受到欢迎。

水泥盆

6. 编织盆

编织盆是用麻绳、草绳、竹条等材质编织而成的种植容器。编织盆造型优美，但不保水、不保土、易老化，通常只能作为套盆使用。编织盆搭配观赏草或草花一类的植物，能很好地营造出野趣、自然的花园氛围。

编织盆

小贴士

选择花盆的要点：花盆的种类和颜色应尽量统一，一两种较为合适，过多的花盆颜色和材质会使阳台花园显得杂乱。

由于植物是动态生长的，因此在花园的后期维护中，为植物更换花盆是一项重要任务。在选择花盆时，应尽量选择不易破损且自重较轻的花盆，以便在后期更换时更加便利，并节省体力。

二 花盆尺寸的选择

花盆的尺寸规格多样，小到口径5 cm、大到口径50 cm 都可以在市面上购买。那么，阳台花园适合多大尺寸的花盆呢?

阳台花园面积一般不大，植物多以盆栽为主。对于常见的草花植物，选择口径为15 ~ 18 cm的花盆最为适宜，例如矮牵牛、风雨兰、朱顶红、姬小菊、三色堇等。对于花灌木，直径为20 ~ 35 cm 的花盆更为合适，例如蓝雪花、月季、小木槿、绣球、铁线莲、风车茉莉等。多肉植物体量较小，适合口径10 cm 以下的花盆。

花市的植物通常都自带种植盆，大多数人买回来后为其换盆时会选择更换更大的花盆，这时，建议选择比原有种植盆口径大3 ~ 4 cm 的花盆。这样既能为植物提供足够的生长空间，又不会造成过大的更换压力。需要注意的是，换盆时切忌一次性更换过大的花盆，以免对植物根系造成不利影响。

三 花盆的颜色与材质

花盆的颜色和材质对花园风格有很大影响。在明确了想要打造的花园风格后，就可以据此来选择花盆的颜色与材质。

红陶盆搭配热带植物，水泥盆搭配阔叶植物，铁艺盆搭配观赏草，编织盆搭配草花，这些都是比较常见的搭配。

红陶盆的透水性和透气性好，适合阔叶的植物特性，如彩叶芋、龟背竹、秋海棠等。使用统一的红陶盆搭配深浅不一的绿色阔叶植物，能营造出满满的热带风情。此外，红陶盆也可以与草花搭配，营造田园野趣的感觉。

红陶盆效果展示 1
图片来源：创作者 @planteresa

红陶盆效果展示 2
图片来源：创作者 @planteresa

铁艺盆搭配观赏草能很好地营造出野趣花境之感，如墨西哥羽毛草、紫叶狼尾草、日本血草、蓝燕麦草、棕红苔草等。铁艺盆搭配小花型草花非常适配杂货风花园的风格，如福禄考（芝樱）、鼠尾草、满天星、欧石南等。

铁艺盆效果展示 1
图片来源：创作者 @ 萤火虫叽里呱啦

铁艺盆效果展示 2
图片来源：创作者 @ZI.TONG. 小院

水泥盆搭配大型观叶小型乔木能营造干净简洁的花园氛围，如天堂鸟、琴叶榕、银叶金合欢等。

水泥盆效果展示 1

水泥盆效果展示 2

水泥盆效果展示 3

白色花盆种植效果展示

白色的花盆能打造干净简洁的花园氛围，如白色的种植槽搭配植物组团，白色的花盆可搭配较大的小型乔木。

白色种植槽效果展示

OSTES

阳台花园的装饰美化

阳台的面积一般都不大，要打造一个氛围感十足的阳台花园，可以通过添加一些精致的装饰摆件来实现。

一 阳台花园装饰类物件的作用

装饰类物件可以为阳台花园锦上添花，选择合适的物件装饰可以增强植物的观赏性，突显花园风格。例如铁艺摆件和陶艺摆件可突出杂货风花园风格。装饰件可以遮丑并美化背景，比如用格栅栏杆、木板门、灯串等来装饰；也可以作为花园的亮点，如休闲桌椅、风格化花盆等。

二 阳台花园装饰类物件的种类

阳台花园的装饰类物件可以分为以下几类：花器类、摆件类、功能类、挂件类。

花器类装饰物件主要指的是各类特色花盆与花架。花器一般是套盆类花盆，例如铁艺盆、编织盆、造型盆等，这类能起到装饰作用，多出现在杂货风花园中。此外，木质花架和欧式铁艺花架也能起到装饰和突出花园风格的作用。例如，在自然风花园中使用木质花架更能突显自然质朴的风格，而欧式铁艺花架则能够营造美式乡村风格的花园氛围。

花器类效果展示 1
图片来源：创作者 @ 萤火虫叽里呱啦

花器类效果展示 2

图片来源：创作者 @ 萤火虫叽里呱啦

摆件类装饰物件主要包括小型动物造型、人物造型等，它们是花园中的视觉焦点，可提升精致度和氛围感。陶制人物摆件、抽象金属摆件等体积不宜过大，高度建议控制在60 cm以内，以避免与阳台花园不协调。

摆件类效果展示1
图片来源：创作者@哎亚西呀

摆件类效果展示2
图片来源：创作者@哎亚西呀

功能类装饰物件指的是花园正常维护时会使用到的工具，例如园艺铲、耙子、绑扎绳、园艺剪、水壶、园艺垫等。这些工具，除了可以放在柜子里收纳起来，还可以上墙挂起。挂起来不仅可以节省阳台空间，也能作为阳台墙面装饰的一部分，突显阳台花园的真实感与氛围感。

功能类效果展示
图片来源：创作者@Berry&Bird

挂件类装饰物件指的是悬挂补充竖向空间的装饰品。当植物难以丰富纵向空间时，挂件类装饰品便派上了用场。挂件除了具备遮挡视线和弱化背景的功能，还可以纯粹作为装饰用，例如风铃、灯串等。

挂件类效果展示
图片来源：创作者@卡小姐的花事

阳台花园的养护要点

打造阳台花园并非一次性工程，布置完成后，便进入后期养护阶段。后期的养护，主要涉及植物的栽植、换盆、施肥、修剪和浇水等操作。

一 植物换盆的要点

我们购买的植物大多数是成品植物苗，这些苗经过种植大棚的培育后，生长到一定阶段再放到市场售卖。因此，成品苗通常配有育苗盆。育苗盆的材质软、不透水、不透气，可能会影响植物根系的生长。所以，购买成品苗后，我们需要及时给植物换盆。

关于花盆的选择可以查看本书第五章的内容，这里需要注意的是，当植物的根系长出花盆底部，或者紧贴花盆壁呈爆根状态时，就是到了必须给植物换盆的时候。

爆根状态 1

爆根状态 2

给植物换盆需提前1 ～ 3天停止浇水，让土壤呈干燥状态，这样方便植物脱盆，并避免损伤植物的根系。

应选择比原盆大一号规格的花盆，为根系提供新的生长空间，切记不可一次性换过大的花盆。小根配大盆会导致盆土干湿循环慢，土壤长期潮湿，进而导致烂根。

在移入植物前，应先去除原有植物根系的底部土壤，再在新花盆底部填一些底土。之后，将植物移入新盆并在空隙处填充土壤，以促进植物根系的生长。

换盆后要及时给植物浇水，并将其放置在通风阴凉处，避免受到阳光暴晒，帮助植物顺利度过缓苗期。

以下是给植物换盆的过程：

1 准备需要换盆的植物

2 脱盆观察根系情况

3 取新盆并在底层加陶粒

4 将植物放入新盆

5 在四周空隙填入新土

6 浇水定根

二 种植土的选择及配土要点

种植土的质量对植物的生长有着直接的影响，不透气、不保水、易板结的种植土可能会导致植物死亡。新手往往不知道如何选择种植土，甚至认为种植土和路边的土没有区别。但实际上，种植土是由泥炭、有机肥料、椰糠、珍珠岩等成分混合而成的营养基质。这种营养土具有良好的透气性和保水性，不易闷根，有利于植物的生长。

松磷和柳树皮可以添加到一些有机土中一起使用，也可以做铺面装饰使用。它们可以改善盆土的空气流通和排水，同时松磷和柳树中含有的水杨酸可以代替生根水来刺激植物根部的发育。此外，还能够有效地平衡土壤的酸碱度，促使土壤疏松透气。

松磷介质

椰糠是近些年流行起来的栽培基质，由椰子外壳纤维加工而成，具有很好的保水能力，排水性和透气性都较好，可以为植物根部提供大量的水分和氧气。但是，椰糠中氮、磷、钾等营养元素含量较低。另外，椰糠含盐量较大，需要浸泡脱盐后再使用。如果使用全椰糠作为栽培基质，需要用有机肥作为底肥。

椰糠颗粒

轻石的保水能力相当强，含有大量钾元素，对促进植物生长有帮助。

轻石

陶粒适合作为垫底的材料使用，有助于盆土排水、透气。它多孔、质轻、无粉尘、表面强度高，因此在无土栽培时可以起到固定植株的作用。

陶粒

泥炭土是由于长期积水，水生植被茂密，在缺氧情况下，分解不充分的植物残体埋在地下多年腐化后形成泥炭的土壤，质地疏松，保水、保肥能力好，是现在普遍使用的栽培基质。

泥炭土

粗河沙具有优良的排水性，可以与土壤混合，能显著增强种植土的排水性和透气性。它特别适合用于根系发达、容易烂根的植物，例如多肉植物等。

粗河沙

珍珠岩的质地非常轻，轻到一浇水就浮起来，犹如泡沫一般。它通常与泥炭土混合使用，以增强种植土的透气性和排水性。

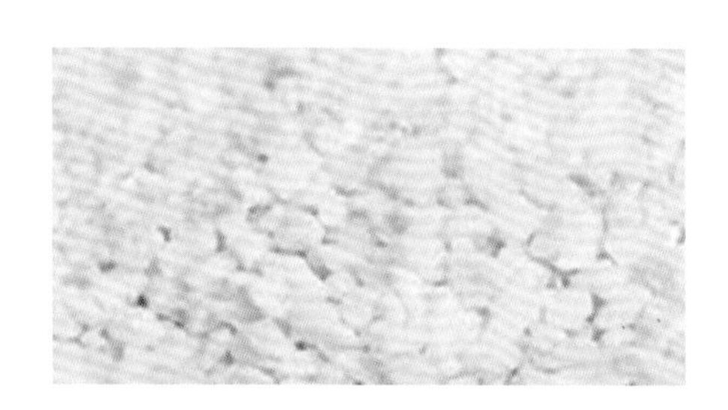

珍珠岩

腐殖土是由树木的枯枝残叶发酵腐熟而成的土壤，通常是松针、橡树叶等，富含有机物质。这种土壤的透气性、保水性和保肥性都很好，常被用作基肥或追肥。

腐殖土

市面上种植土和营养基质的种类繁多，价格也各不相同。便宜的种植土一般都是泥土，里面添加了少量的珍珠岩或泥炭，有的甚至没有添加。这类种植土最大的特征就是渗水慢，水会浮在盆土上迟迟不被吸收。使用这种种植土后，土壤往往会变硬、板结，因此，建议及时更换，以避免造成植物死亡。

土壤透气性差

土壤板结

合格的种植土应该是疏松透气的，由不同的介质组成。这些介质在种植土中起着不同的作用：椰糠提高透气性和排水性，珍珠岩促进根系健康生长，有机肥为种植土提供全面养分。合格的种植土或营养基质，在浇水时能均匀渗透且不积水，保水的同时不闷根，这样的种植土有助于植物的健康生长。

合格的种植土

作为园艺新手或拥有的植栽较少的时候，可以选择商家配好的通用版种植土，方便省事。如果拥有的植栽较多，或者想要体验种植的乐趣，可以考虑自己配土。

种植土的三个核心要素是保水性、透气性和保肥性，配土时需要同时考虑这三方面的需求。为了增强保水性，可以添加泥炭、椰糠等保水性强的介质，帮助植物更好地吸收水分和营养物质。为了增强透气性，可以加入珍珠岩、河沙等排水性强的介质，使植物根系更好地吸收氧气。为了提供充足的营养物质，可以在配土时加入腐殖土、蚯蚓土等营养介质，为植物提供生长所需。

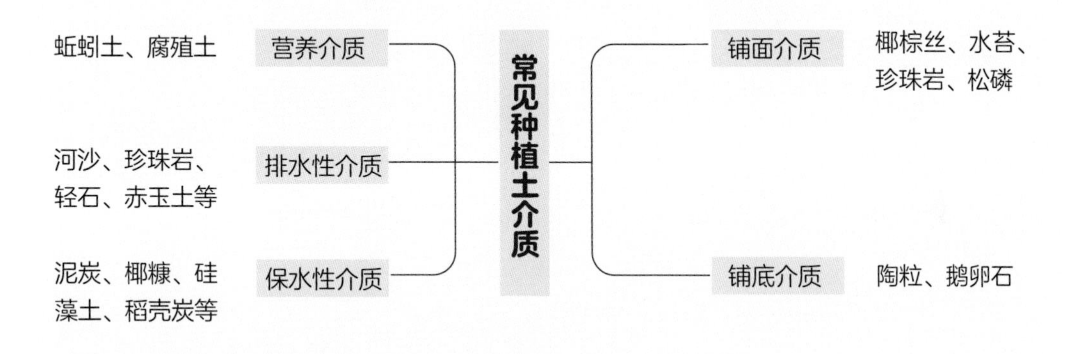

配土没有标准公式或固定的配方，需要根据植物的特性、环境湿度和花盆的材质综合考量。例如，在考虑植物特性的时候，秋海棠、蕨类植物等适合使用泥炭等保湿介质，仙人掌、龙舌兰等沙生植物则喜干燥，适合使用沙质土壤。在考虑环境湿度的时候，南方地区湿度较大，因此需要在配土里添加大颗粒介质，如轻石、沸石、陶粒等；而北方地区偏干燥，所以应适当减少大颗粒介质的使用。另外，在考虑花盆材质的时候，陶盆由于具有良好的透气性，可以减少使用排水性好的颗粒介质；而瓷盆、铁盆的透气性较差，因此需要增加大颗粒介质的使用。

这里介绍一种常用的普通种植土的配比方案，适用于多数植物，是通用型配土方案。

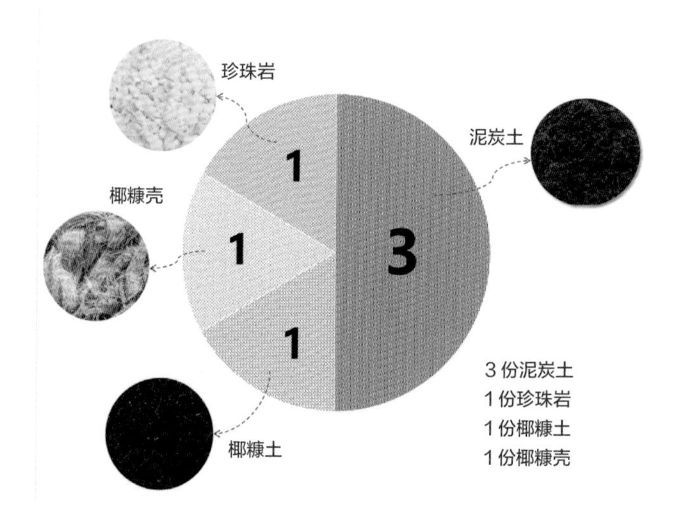

普通种植土的配比

种植土配置完成后，装盆使用时需要注意：种植土的结构是有层次的，一般分为装饰层、种植土层和排水层。

排水层位于花盆的最底部，可放置2 ~ 3 cm 厚的大颗粒垫底，如陶粒、鹅卵石等，以避免盆底积水，造成植物闷根、烂根。

种植土层是栽植植物的主要空间，要根据植物的特性、环境湿度和花盆的材质特性来配置种植土，为植物提供生长所需的营养和介质。

装饰层位于花盆的最上部2 ~ 3 cm 处，作为装饰性存在，提升盆栽的美观度。常用椰棕丝、珍珠岩、松磷等铺面。但使用装饰层后不容易观察盆土表面的干湿情况，新手慎用，该层非必需层。

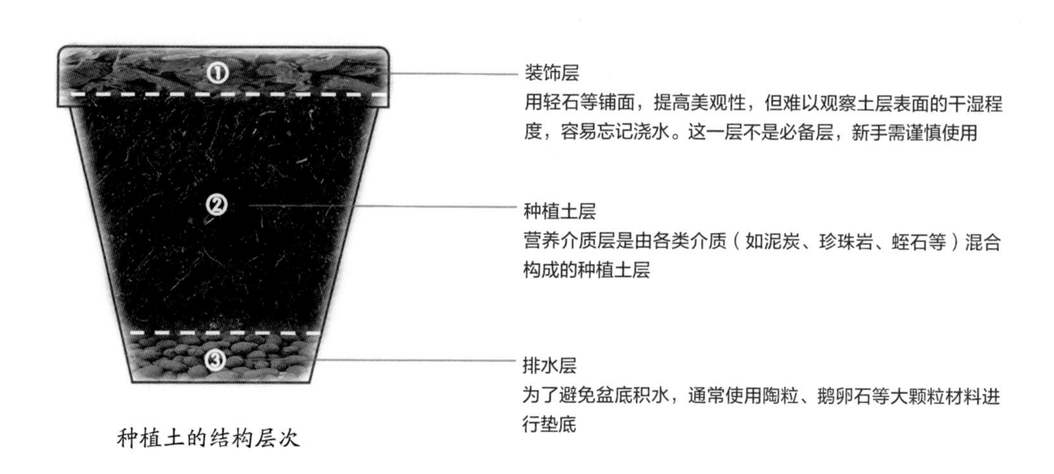

种植土的结构层次

常用化肥介绍

植物生长发育所必需的营养元素有碳、氢、氧、氮、磷、钾、钙、镁、硫、铁、锰、硼、锌、铜、钼、氯、镍共17种。其中，前9种元素需要量大，称为大量元素；后8种元素需要量少，称为微量元素。

碳、氢、氧三大元素主要从水和空气中获取，其余14种营养元素主要以无机离子的形态被植物根系吸收。其中，氮、磷、钾这三种元素在植物的生长、发育、代谢和产量方面起到至关重要的作用。市面上常见的化肥也是以氮、磷、钾这三种元素为主，只是不同化肥中这三种元素所占的比例不同。

氮元素能够促进细胞分裂和伸长，从而促进植物体的整体生长。植物缺氮会导致叶片变黄，影响光合作用的进行，进而影响植物的生长和产量。

磷元素能够促进根系生长、延长根毛和增加根系的表面积，增强植物对水和其他养分的吸收能力，对植物的生长、开花和结实等生理过程起到重要作用。

钾元素在植物的生长和生理代谢中起到关键作用。它有助于维持渗透调节和水平衡，促进光合作用，增强植物对逆境的抵抗力，提高植物的抗病能力。

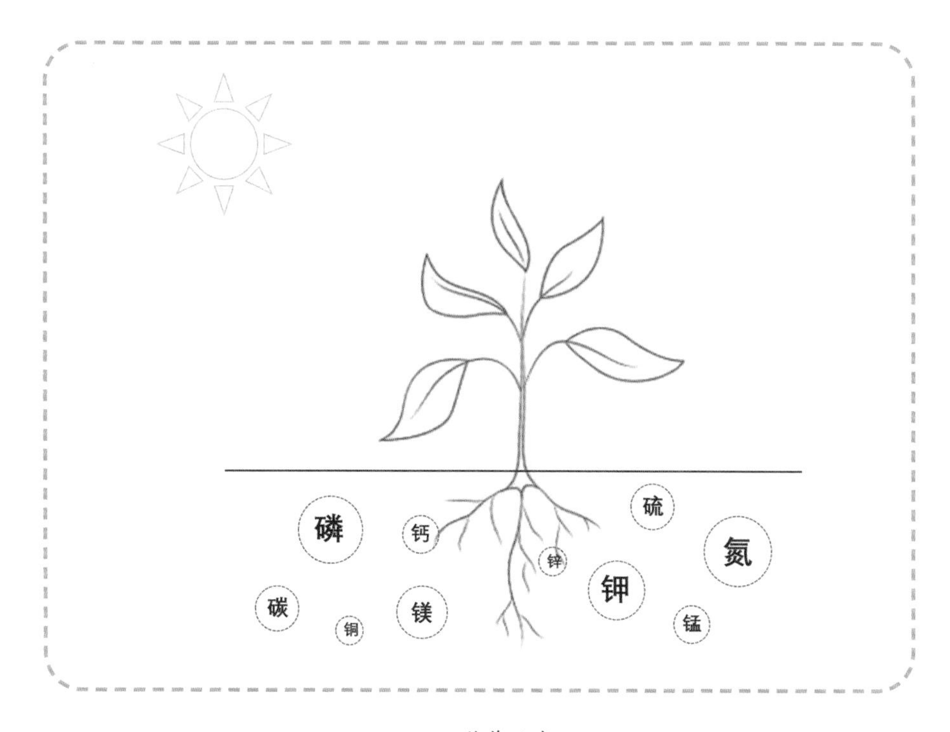

营养元素

阳台花园植物常用的肥料主要有缓释肥和水溶肥两种。

缓释肥的特性在于能够长期缓慢地释放植物营养元素，其化学肥料成分是不易溶于水的，通过土壤水分与微生物进行分解释放。这种肥料通常呈颗粒状，可以作为复合肥使用。在给植物更换基质时，可以将缓释肥拌入基质中作为底肥，也可以直接撒在盆土表面使用。相比常规施肥，缓释肥的肥效可以持续30天以上，而且其用量比常规肥少10% ~ 20%，使用安全，避免了因一次性施肥过多而导致烧苗等肥害问题。

缓释肥

水溶肥是一种可以完全溶于水的多元复合肥料，能迅速地溶解于水，并被植物高效吸收。在浇水时，只需要按使用比例将其溶解在水中，然后通过浇灌、滴灌、浸盆等方式让植物吸收。根据不同的功效需求，水溶肥的氮、磷、钾配比也各不相同。

水溶肥

在植物枝叶生长期，可以使用氮、磷、钾含量均衡的复合肥，如花多多1号，按照1 ： 1500 ~ 1 ： 1000的比例兑水使用，以促进枝叶生长，使枝条健壮、叶子茂盛。

在植物花芽分化期，建议使用高磷钾的复合肥，如花多多2号，同样按照1 ： 1500 ~ 1 ： 1000的比例兑水使用，以促进花芽分化及花苞生长，增加花朵的数量。

当植物处于花期时，应停止施肥，只浇清水。花谢后，可以继续补充氮、磷、钾占比均衡的复合肥，帮助植物恢复状态。

四 植物浇水的要点

浇水的频率是根据植物干湿循环的节奏决定的。浇水是实现植物干湿循环的一种行为。在这个过程中，植物通过获得空气、水分来实现生长。

1. 植物的干湿循环与浇水频率

在植物的不同生长阶段、不同季节、不同天气，其干湿循环的速度是不一样的，因此浇水频率不是一个固定的时间点，而要结合植物状态、花盆、生长阶段、环境、配土、品种、季节、气候来综合判断。

干湿循环快慢的状态

干湿循环快	干湿循环慢
气温高	气温低
通风好	通风差
光照强	光照弱
土壤透水性好	土壤保水性好
花盆小	花盆大
花盆材质渗透性好	花盆材质渗透性差
成苗或大苗，叶片多	幼苗或小苗，根系弱
植物生长期	植物休眠期
植物喜阳或喜水	植物耐阴或喜干

当植物的干湿循环较快时，应提高浇水频率；当植物的干湿循环较慢时，应降低浇水频率。植物的干湿循环可以通过盆土的干燥程度来反映。如果盆土在较短的时间内变干，那么干湿循环就快；反之，则为慢。例如，同一盆植物在夏季可能只需一天盆土就变干，而在冬季可能需要一周，因此，夏季植物的干湿循环较快，冬季则较慢。

那么，如何根据干湿循环的状态来判断是否需要浇水呢？简单来说，当植物的干湿循环快时，一旦盆土表面变干，即“见干”，就可以浇水，即“见湿”。而当植物的干湿循环慢时，需要等到盆土表面完全干燥，并且盆土下3 ~ 5 cm深的土壤也干燥时，即“干透”，此时应给植物浇透水，即“浇透”。

干湿循环快慢与浇水频率的关系

循环模式	表现	浇水方式	浇水频率
干湿循环快	土表完全干	见干见湿	高
干湿循环慢	土表面以下 3 ~ 5 cm 干透	干透浇透	低

2. 植物浇水的方式

常见的浇水形式有叶面喷洒、灌根和浸盆三种形式。

最常用的就是灌根了，灌根就是用水壶或水枪对盆土进行直接浇灌。通过灌根的方式给植物浇水，需要缓慢、多次的浇水，让水分完全渗透盆土，等待盆土充分吸收。用这种方式浇水不可着急，因为种植土的渗透性不一，可能存在水分还未渗透进盆土便外溢流走，导致未能有效浇水的情况。采用这种方式浇水需保证水分完整渗透盆土3 ~ 5次，发现渗水速度明显变慢后，即完成一次有效浇水。

盆栽植物灌根

浸盆指的是将盆栽植物放入装有水的容器中浸水5 ~ 10分钟，使植物主动、全方位地吸收水分，这种方式适合干透浇透的情况。浸盆的浇水方式可以很好地避免灌根可能存在的“无效”浇水情况。当植物干湿循环变慢时，使用浸盆的方式浇水能保证种植土完全浇透，从而保障完整充分的干湿循环。

盆栽植物浸盆

叶面喷洒，即对植物的叶片进行洒水，直接对盆土进行浇灌，这种浇水方式主要适用于耐旱植物。对于对水分需求不强的植物，可以使用叶面喷洒的方式为其补充水分。需要注意的是，喷洒时应避开中午阳光最烈的时刻，以避免水珠在阳光的折射下造成植物叶面的灼伤。比较合适的喷洒时间是在清晨或傍晚。